設計者は
図面で語れ!
ケーススタディで理解する

公差設計入門

株式会社プラーナー［編］
栗山晃治・木下悟志［著］

日刊工業新聞社

はじめに

設計意図を込める技術である「公差設計」とそれを正しく伝えるための技術である「幾何公差」は，ちょうど車の両輪のようなものである。

グローバルなものづくりを展開するにあたって，今，多くの企業で注目しているのが，「幾何公差」ではないだろうか。どこの国で部品を作っても，どこの国で組み立てても，同じ品質の製品が出来上がるようにするためには，設計図面の改善が必須であり，「幾何公差」は，それを実現するためのツールである。現在では，3DAモデルの規格化も進められ，そのために「幾何公差」が必須だと言われていることで，さらに拍車がかかっている。

筆者らが，お客様から相談を受けることの多くに，「図面を幾何公差化したら，測定工数が増えてサプライヤーからの見積金額が上がってしまった」というものがある。実は，寸法公差の図面をそのまま幾何公差化しただけでは，いたずらに測定箇所が増え，コストが上がってしまうのは当然だ。大事なのは，設計者として全ての部品に対して「どこを基準に，どこを押さえたいのか」という思想を明確にしたうえで，本当に管理したい個所（重点管理ポイント）だけを正しい幾何公差で表現することである。上記の悩みを解決する方法の1つが，公差設計と幾何公差（この2つを総称して「GD&T（※)」と言う）の両輪を実践することとなる。

※ GD&Tとは，Geometric Dimensioning and Tolerancingの略で，公差計算を確実に実施して公差値を設定し，幾何公差を用いて的確に図面に表記する，設計者にとって必要不可欠なシステムのこと。TS16949で用いられている。

本書では，筆者らで16年間，公差一筋で教育およびコンサルを実施してきた中で，特に知っておいていただきたいノウハウを紹介する。

本書の特徴は以下のとおりである。

・公差計算の基礎知識について幅広く解説している。

・ケーススタディは，ガタ・レバー比（p.82で説明）に入る前の公差設計の基礎知識を理解しているかどうかを確認するのに適している。
・幾何公差は初めて幾何公差を学習される方でも，すぐに実践できる内容にしている。
・最終章では，各幾何公差について，様々な測定機を用いた測定方法を紹介している。

一方，GD&Tのメリットはわかっていても「公差計算を手で行うのが大変」という理由でなかなか実践業務に定着しないという声をよく耳にする。

その課題解決のためには，GD&Tに関する理論的理解と，ITツールの活用が必要になる。現在，日本においてもいくつかの3次元公差解析ソフトが存在しているが，最近では，設計者が設計の中で容易に扱える設計者向けの3次元公差解析ソフトが登場し，公差計算はツールを使ってどんどん実施するという企業も増えてきている。本書の第3章では，ケーススタディで実施したものと同様の事例を用いて，3次元公差解析ソフトの説明を行っている。

読者の皆様には，GD&Tの正しいプロセスを理論的に理解したうえでITツールを活用して，実務の中で効率的にGD&Tを実践していくことに，本書を活用いただければ幸いである。

最後に，本書籍へのケーススタディの掲載にご協力をいただいたローランドディー.ジー.株式会社の杉山裕一様，本書執筆にあたり参考とさせていただいた文献の著者の方々や，写真などのご提供をいただいた各機関及び企業の皆様に深く謝意を表するとともに，出版にあたってご高配を賜りました日刊工業新聞社の関係者皆様に御礼を申し上げる。

2016年　7月　株式会社プラーナー著者一同

目次

第4章　幾何公差で設計意図を正しく図面に盛り込む

第 1 章

設計者は設計意図を図面に込めろ

公差を決めるということは，製品に期待される機能・性能と，製造コストの両面を総合的に評価したうえで，設計者の意図を製品図面に込めることにほかならない。

本章では，設計意図を込める技術である「公差設計」と，それを正しく伝えるための技術である「幾何公差」は，ちょうど車の両輪のようなはたらきをなすことを示す。グローバル図面で必要なのは，幾何公差だけではない，そのベースとして公差設計が正しく行われていることが前提となるのである。

1. 公差設計とは―設計者の意図と製造上の要求をバランスさせる

工作機械の性能がどんなに高まっても，同じように加工したはずの部品の寸法や形状には**ばらつき**が発生する。例えば射出成形品を得る場合，成形機を同じ条件で動かし続けても，気温や湿度といった環境の変化，成形し続けることによる金型の摩耗などによって成形品は影響を受ける。組立においても，人手かどうかにかかわらず組付けのばらつきは生まれる。もちろん，このばらつきを小さくするように設計/製造の両面から取り組むわけだが，それでもばらつきはゼロにはできない。基本的に，このばらつきは目標とする寸法などを中心として上下にばらつく。このばらつきの許容範囲を，製品の仕様やコストなどを総合的に考えて決める必要がある。

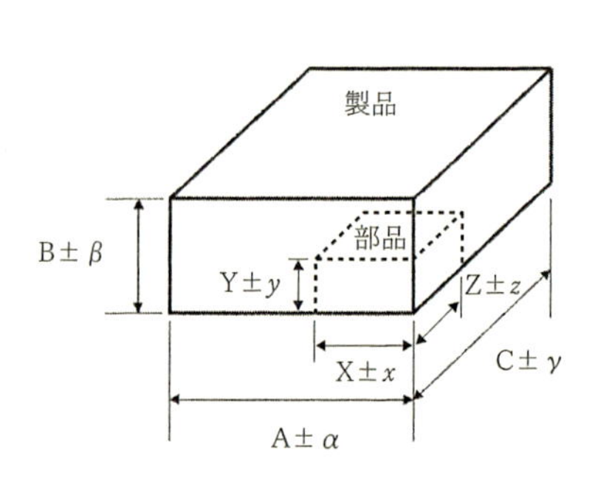

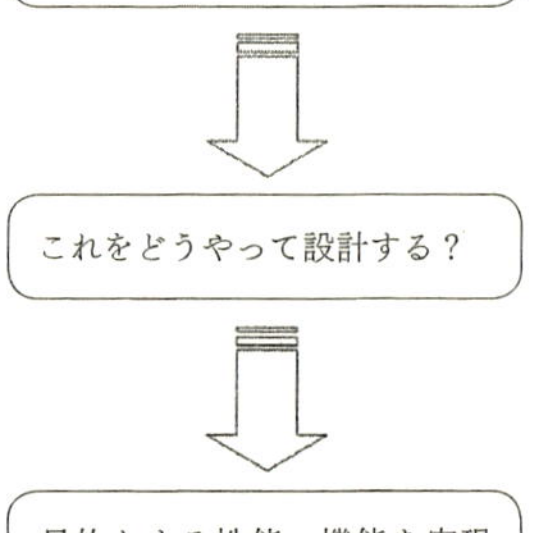

図1.1　公差設計とは

一般的に「公差」の概念は，部品個々の寸法には必ずばらつきがあり，最終的に，図面に記されている公差の範囲内で仕上げればOKと考えられている。これは加工側から見た公差の考え方である。設計者側から見ると，製品仕様と製造条件及びコストを考慮したバランス感覚に基づき，自らが責任を持って設定するものを「**公差（許容範囲）**」という。その設定した公差により，最終的な製品仕様を満足できるか，また，実際に加工が可能な公差になっているのか，トータル的視点から判断する必要がある（図1.1）。

100±0.5は適切？
製品仕様を満足しているだろうか
過剰品質になっていないだろうか

製品仕様を満たしていなければ，公差を厳しくしなければ
厳しくしたときのコストは大丈夫？

これ以上厳しくできない！　構造変更も検討？

携帯電話を例にとって，公差の考え方を示そう。

携帯電話には，パネルブロック，電池ブロック，回路ブロック，スイッチブロックなどのユニットがあり，さらに，ユニットを構成する部品がある。図1.2は，携帯電話の分解写真を示している。様々な製品がそうであるが，これほど多くの部品を目標の製品サイズの中に納めなければならず，そのために各部品には，次々に厳しい寸法と公差が要求される。図1.3を見てほしい。

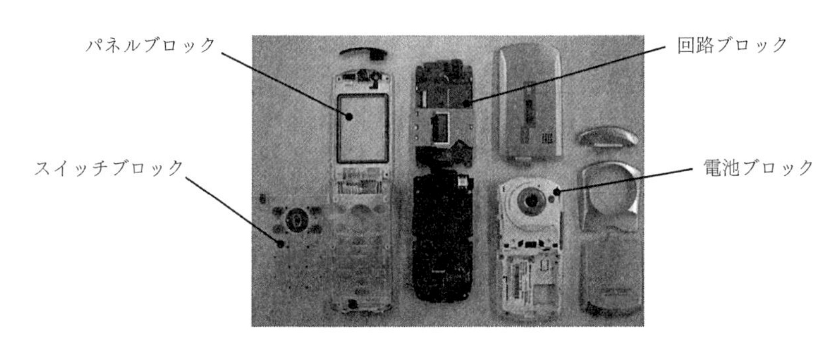

図1.2　携帯電話の分解写真

つまり，完成品仕様を満足するためには，それぞれのユニットがある範囲に入ることが要求され，そこから各部品の寸法及び公差が割り付けられる。これが，本来の「①設計の流れ」であり，設計者の意図が反映されている。

従来の製品に対して，格段に小型化，高性能化した完成品仕様を実現するた

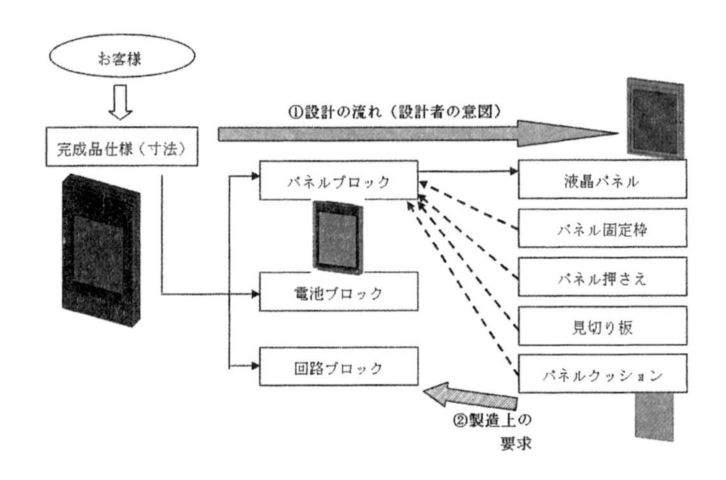

図1.3　設計者の意図と製造上の要求

めに，設計者は，各ブロックに，さらに部品へと厳しい公差を要求したいが，部品側からは逆に公差をゆるめて欲しい（作りやすくしたい）という要望が入る。これが，「②製造上の要求」である。

当然，部品個々の公差を大きくすれば完成品の不具合が発生する危険が高まり，場合によっては，トータルコスト増となることも考えられる。繰り返すが，これら設計者の意図と，製造上の要求とを，経済性（コスト）という一つの共通の軸に投影してながめ，そのバランスするところに公差が決められる。そしてその際には，統計的考察も加えて計算し，公差を設定する必要がある。

最近でも，部品はすべて設計者の指示通りに作られているにもかかわらず，組み立てられない，あるいは組み立てられても動作しない，といった声を耳にする。その原因の多くに，設計者が公差設計を正しく理解し実践していないことがある。そういったことが，**「Fコスト（失敗コスト）の増加」「次期開発商品の遅れ（設計者の手離れの悪さ）」**などの悪循環につながっている。

さらには，様々な要因により，製造上の要求が設計者に伝わりにくくなっているのも事実である。①と②のキャッチボールがスムーズに出来るシステムの構築が必須である。

2. 公差設計ができない設計者が増えている

ここで公差に関する気になる二つのアンケート調査を紹介したい。**図1.4**は，筆者らが16年間にわたって実施しているセミナーの受講者約1万8,000人を対象に実施したアンケート結果だ。対象者は，幅広い業種から参加した最前線の設計者である。設問は，①公差設計の実施状況，②幾何公差の実施の有無，③工程能力指数（Cp，Cpk）（p.45，p.48）を知っているか否かを表している。

公差設計を実施していない人及び幾何公差を使っていない人がそれぞれ80%，工程能力指数は知らない人が90%という数字が，現代の日本における公差設計の実態を表している。

①公差設計・解析の実施状況	
・確実に実施している	2%
・たまに実施している	20%
・実施していない	50%
・わからない	28%
②幾何公差は？	
・使っている	20%
・使っていない	80%
③CP. Cpkは	
・知っている	10%
・知らない	90%

図1.4　幅広い業種18,000人のアンケート結果

一方，ここ2～3年の傾向として，これまで筆者らのセミナーにあまり参加していなかった自動車や医療機器関連企業からの受講者が急増している。

図1.5は，これらの企業のみにアンケートをとった結果である（設計者約600名)。

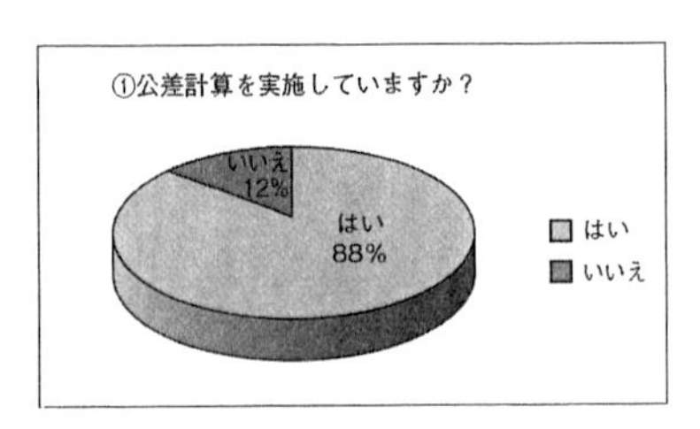

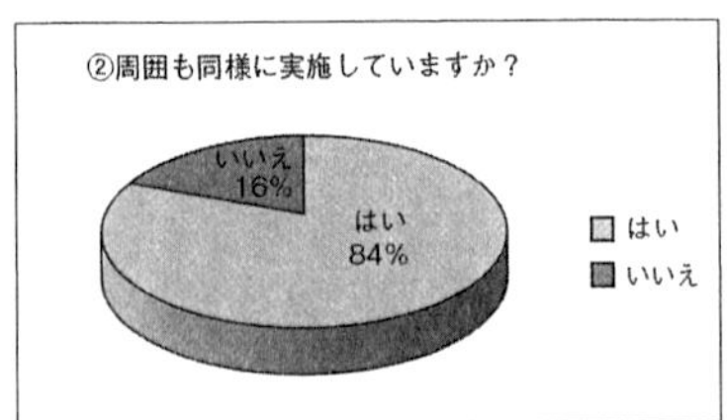

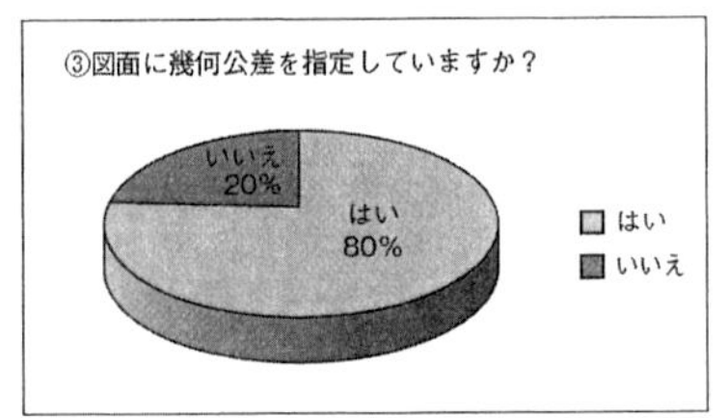

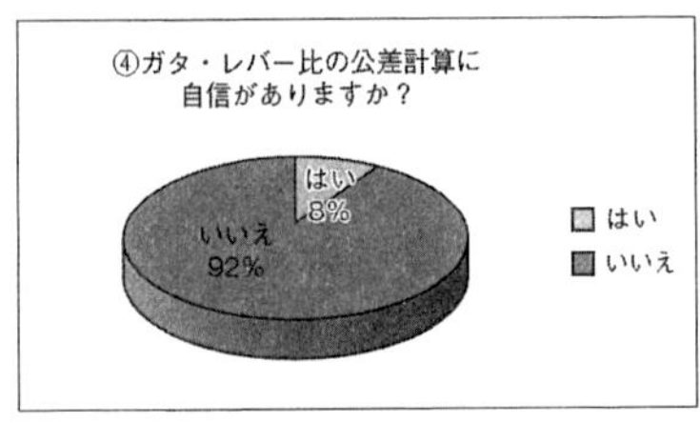

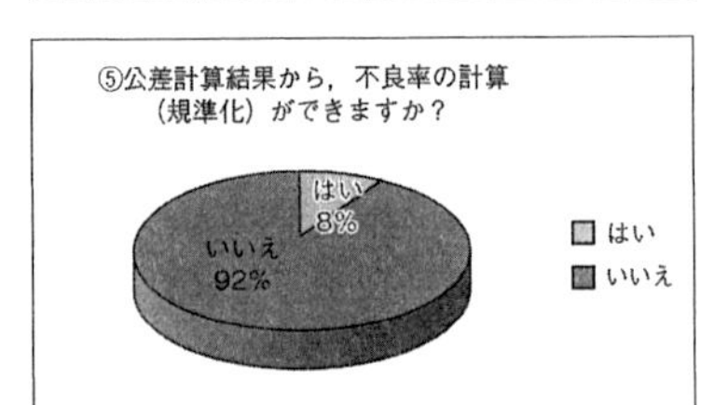

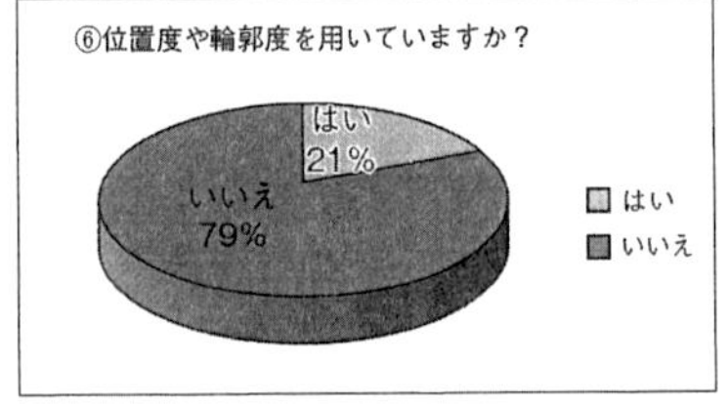

図1.5　自動車や医療機器関連企業の設計者に実施したアンケート結果

設問はそれぞれ，①②公差設計の実施状況，③幾何公差の実施状況，④ガタ，レバー比など複雑なメカニズムに対する公差設計の実施状況，⑤不良率計算の可否，⑥位置度（記号）や輪郭度（記号）の活用の有無を表している。

これによると，「公差設計はやっている」と自負している設計者だが，結果として公差計算については「実施している」ものの，ガタやレバー比の公差設計に必須な計算方法には「自信があるとは言えない」，不良率の計算（規準化）も「できていない」という実態である。また，幾何公差についても「導入している」ものの，位置度や輪郭度は「使っていない」という実態が浮き彫りになった。

実際には，公差計算をきちんとやっていれば必ず**位置度**や**輪郭度**が欲しくなるはずであり（なぜそれが言えるのかはp.20の「8. 公差計算と幾何公差はセットで検討せよ」で説明），さらにガタ・レバー比の計算および不良率の計算ができないようでは，公差設計をやっているとは言えないのである。最近のアンケート結果からは，こうした矛盾した回答が頻繁に見られる。つまり，公差設計ができているつもりになっている設計者及び企業がたいへん多く存在しているのである。

近年の設計現場では，既存部品の公差をそのまま流用している例が多く見受けられる。こうした風潮は若手設計者ばかりでなく，中堅設計者であっても同様で，さらに新規製品（部品）の場合は，KKD（勘と経験と度胸）で設計しているというのが実態である。その結果，部品はすべて設計者の指示（設計図面）通りに作られているにもかかわらず，組み立てられない，あるいは組立後に動作しない，といった事態が多発している。極端な例と思われるだろうが，管理職から「**ウチは最近，図面と違うものができてくる**」という声をよく聴く。グローバルなものづくりが急速に進む中，設計図面がそれに対応できていない。原因は，明らかに設計者が公差設計を正しく実践できていないからである。それが，「Fコスト（失敗による手戻りコスト）の増加」「次期開発商品の遅れ（設計者の手離れの悪さ）」などの悪循環につながっている。

こうした現実を目のあたりにし，“公差をもう一度学びなおそう”という企業が増えている。設計者が公差を決められないという事態が，厳然として存在しているのである。

こうした流れは，どのような背景から生まれてきたのであろうか。日本企業において，公差設計は企業ノウハウとして，先輩から後輩へと人づてに伝わってきたスキルであるが，こうした伝承がバブル期の「図面を流用して，とにかく出図せよ」という時代を経て断絶し，「**公差設計を知らない設計者**」「**知っているつもりで知らない設計者**」が増加してしまった一因と推察される。

3. 設計者は正しい図面を志向せよ

前述のように公差設計のノウハウが伝承されず，正しい図面となっていない状況の中でも，これまで我が国の製造業は高品質なものづくりを維持してきた。これはひとえに日本の製造現場の優れた対応力の賜物である。

ところが，海外での生産の場合，これまでのような製造現場の対応は望めず，設計図面の不十分さは，即トラブルとして顕在化する。それも，出来上がった使えない製品（部品）は，設計図面以上でも以下でもなく，図面通りの製品（部品）であるため，全て設計側にコストとして跳ね返ってくる。海外生産を行った場合のトラブルは，ほとんどのケースが，**「設計図面通りにものを作った結果」**なのである。

正しくものが作られてくるには，公差計算により公差値を決め，それを幾何公差で表記した，正しい設計図面になっていなければならない。つまり，グローバルにものづくりを進めれば進めるほど，高品質・低コストを実現するために，基本中の基本である**「公差」を学び直し，図面品質を見直すことが，日本のメーカーにとって急務となってくる**というわけだ。

さらに近年，フロントローディング開発に欠かせないツールとして，多くのメーカーが構造解析や流体解析などといったツールを開発に取り入れるようになった。これもまた，公差設計をマスターしなければならない大きな要因になっている。公差による寸法や形状のばらつきが，強度などの構造へ与える影響を考慮しなければならないからだ。解析結果は，公差がきちんと加味されているか否かで当然，異なってくるのである。昔のプロの設計者は，公差も手計算で行い，その結果を盛り込んで各種解析も手計算で行っていた。現代では，種々の3次元公差解析ソフトや構造解析ソフトが市販されているが，それらソフトウェア間の連動はまだまだうまくいっているとは言えない。

4. 公差一つでどれだけコスト増になるか

読者の会社では，公差設計が正しく実践されているだろうか。実際には，先輩達が残してきてくれた図面を頼りに，類似部品に設定していた公差をそのまま使っていたり，ＫＫＤ（勘，経験，度胸）で適当に決めてしまうことで済ませている会社も多いのではないだろうか。

しかし，製品に対する要求が格段に上がっている現代では，公差設計無くしては，商品開発に対する国際競争力は維持できない。まして，世界で初の商品を新規に設計する場合であれば，量産後の問題を未然に解決するためには，公差設計は必須であるといえる。

特に近年では，小型化・高性能化のため，部品の要求公差は厳しくなる一方だ。部品につける公差を厳しくすることにより起こる副作用として，部品コストが上がり，ユーザーが購入する製品コストが上がってしまうことが挙げらる。以下にその例を示す。

- 加工工程の追加，調整時間の増大
- 室内の温度・湿度などの加工環境調整
- 高性能な加工機・システムの導入
- 頻繁な工具交換，加工精度向上を目的とした加工時間の増加
- 高性能な測定機器・システムの導入

公差が厳しくなることによるコストへの影響要因は上記の他にも様々存在するが，特に，ある公差域を超え**加工設備または加工方法を変更しなければならないケースの場合は，そこからコストが急激に増加する。**一例として，公差による設備費用の実態を**表1.1**に示す。何気なく設定した公差でも，±0.03，±0.005，±0.001では，測定機，空調機の面でコストが大きく変わる。

表1.1　公差の厳しさの違いによる設備費用の増加

設備＼公差	±0.03	±0.005	±0.001
測定機	3次元測定機でなくても可	～2,000万円程度の3次元測定機	2,000万円～1億円程度の3次元測定機
空調機	普通の空調で可	普通の空調で可	耐震，空調で別途2,000万円～4,000万円

逆に，緩い方の公差を考えると，普通に加工しても抑えられる公差であればそれより緩い公差を付けても加工コストは変わらない。上記から，公差とコストの関係は**図1.6**になることが考察される。

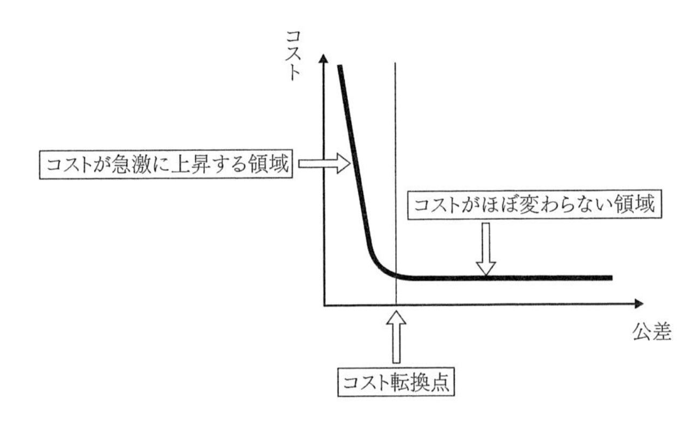

図1.6　公差とコストの関係

それでは次に，この公差とコストの線図を使って公差とコストのバランスに関する最も簡単な例を示そう。

公差とコストのバランス例

図1.7のような2部品の組立品を考える。部品Aと部品Bは，それぞれ，**図1.8**のような公差とコストの関係を持っているとする。縦の細線はコスト転換点である。

組立品が，25±0.3の公差を要求される時，部品Aでは**図1.8**のa点（±0.2），部品Bではb点（±0.1）で，その精度を保持すると，組立品コストは，400円になる。必要以上に大きい公差の付けられている部品Aを，コスト転換点のc

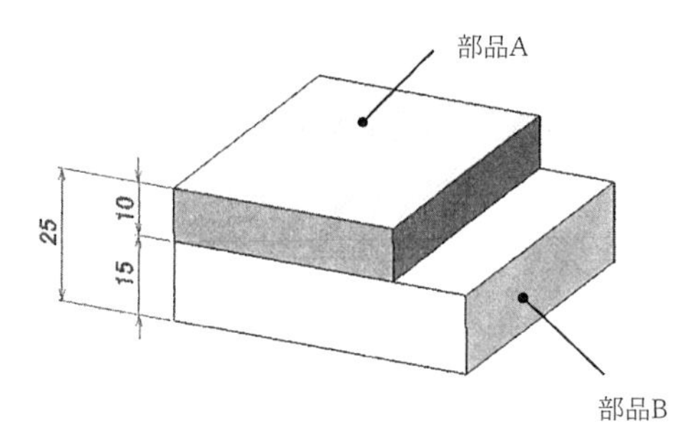

図1.7　公差とコストの考え方の例図

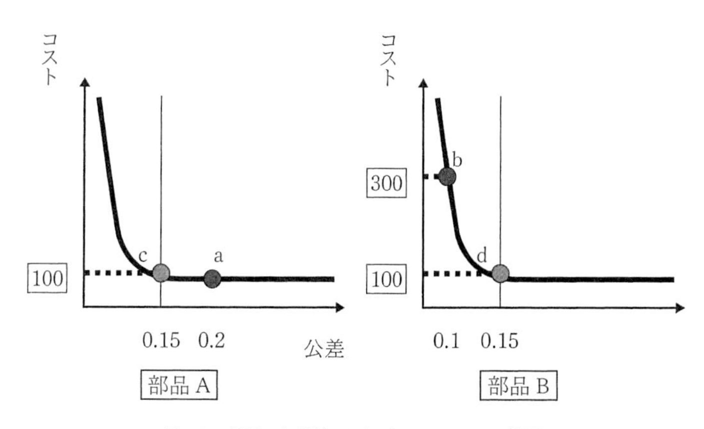

図1.8　部品Aと部品Bそれぞれのコストの線図

点まで小さくすることにより，部品Bの公差をd点まで大きくしても25±0.3を保持することができ，さらにコストも200円に抑えることができるということになる。

●部品Aでa点，部品Bでb点を選んだ場合

100円　＋　300円　＝　400円

●部品Aでc点，部品Bでd点を選んだ場合

100円　＋　100円　＝　200円

最近の現場で，よく耳にすることだが，同一製品中の部品において非常に厳しい公差を設定して，全数検査あるいは分類で対応している部品もあれば，公差の余裕が有り余っている部品もあるというケースがある（図1.9）。

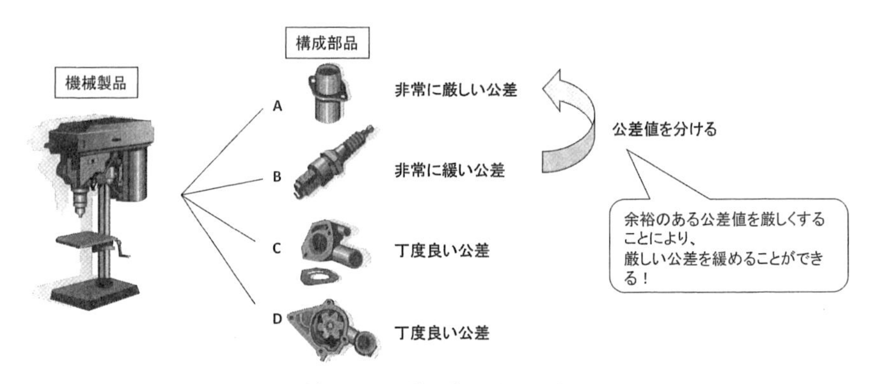

図1.9　余裕のある公差を厳しい個所に振り分ける

余裕のある公差が予め予測できるなら，その公差を厳しい公差の部品に分ければトータルとしてバランスある設計となる。但し，量産に入ってからでは，公差の再検査は非常に困難となる。いかに設計段階で公差値を適正に作り込むかが設計者に求められる重要な要素となる。そのためには，図面段階での設計者と製造者との図面検討会（加工検討会）が必須となる。

図1.10は，高精度の一品物を扱う加工会社へのヒアリングに基づいてプロットをした公差とコストの関係を表すグラフだ。3mmの削りを汎用の旋盤加工で行うという条件である。

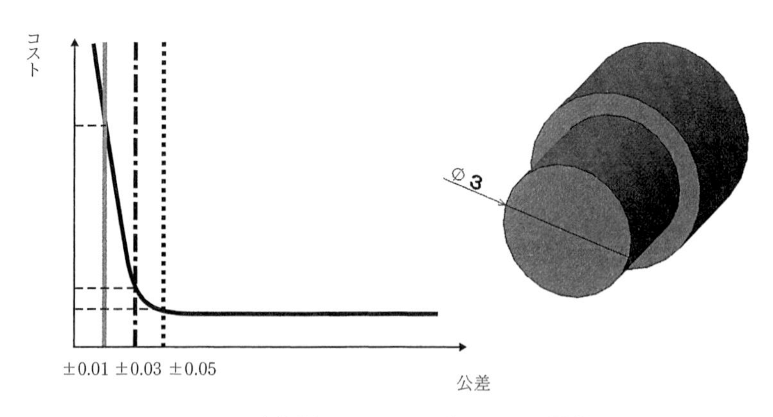

図1.10　高精度加工における公差とコストの関係

まず，3mmの寸法であれば，普通に加工して±0.05の公差内には抑えられる。

そして，それより厳しい公差になると2次曲線的に難しく（コストが上がる）なっていくという。

ここで重要になるのが，0.05という値だ。この値はJIS B 0405（**表1.2**）に記載されている普通公差表では3mm寸法の精級に当たる値である。普通公差表では，0.05の公差値を精級として，それより緩い値に対して中級（0.1），粗級（0.2）を定めている。

上記は3mmの旋盤削り加工という，ほんの一例ではあるが，この例のように，ベテランの加工技術者は公差が設定された図面を見て，すぐに見積もりを出すことができる。

加工側にとっては，公差＝コスト（もちろん品質も）という明確な意識がある。当然，設計図面の中でまず一番先に注目するのが公差値である。同様に設計者も認識が必要である。

ここで，普通許容差について少し触れておく。JIS-B0405-1991には付属書Aとして，「長さ寸法及び角度寸法に対する普通公差表示方式の背景にある概念(参考)」の説明があり，その中には「普通公差の値は，工場の通常の加工精度の程度に対応したものである」と記載されている。つまり，特定の工場の通常の加工精度が，この普通公差値に対して実力的にどうなのかは常にチェックする必要があり，それより良い（小さい）値が期待でき，コストアップしないのであれば，その値を採用するのがベストとなる。会社によっては，自社独自の普通公差表を作成・運用しているケースも少なくない。

表1.2　面取り部分を除く長さ寸法に対する許容差

単位 mm

公差等級		基準寸法の区分							
記号	説明	0.5[1] 以上 3以下	3を超え 6以下	6を超え 30以下	30を超え 120以下	120を超え 400以下	400を超え 1000以下	1000を超え 2000以下	2000を超え 4000以下
		許容差							
f	精級	±0.05	±0.05	±0.1	±0.15	±0.2	±0.3	±0.5	−
m	中級	±0.1	±0.1	±0.2	±0.3	±0.5	±0.8	±2.2	±2
c	粗級	±0.2	±0.3	±0.5	±0.8	±1.2	±2	±3	±4
v	極粗級	−	±0.5	±1	±1.5	±2.5	±4	±6	±8

注(1)　0.5mm未満の基準寸法に対しては，その基準寸法に続けて許容差を個々に指示する。

5. 公差設計のPDCA

多くの企業で公差設計の重要性が認識されて，実施している企業が増えているが，公差計算だけを行えば成果が出るものではないことは言うまでもない。

公差の値を決める → 図面へ正しく表現し，伝達する → 工程能力を確認する → 次の製品へ反映するといったプロセスを回すことで大きな成果につながる。このプロセスを公差設計のPDCAと言い，図1.11に示す。

品質やコストなどを総合的に，バランスよく考えて公差値を決める公差計算はPDCAの「Plan」に相当する。

しかし，値を決めただけではモノは作れない。設計者の意図を後工程へと正確に伝えなければならないからだ。この設計意図の伝達手段である「図面」に，公差の情報を正確に表現することがPDCAの「Do」になる。特に最近では，国際的な3次元図面化の要求も含めて，正確な設計意図の伝達が可能な幾何公差が必須となっている。

さらに，設計意図に沿って加工された部品，そして組み立てられた製品の状態を確認するのがPDCAの「Check」だ。設計者は自分が設計した部品及び製品の実態は必ず数字で把握しておく必要がある。

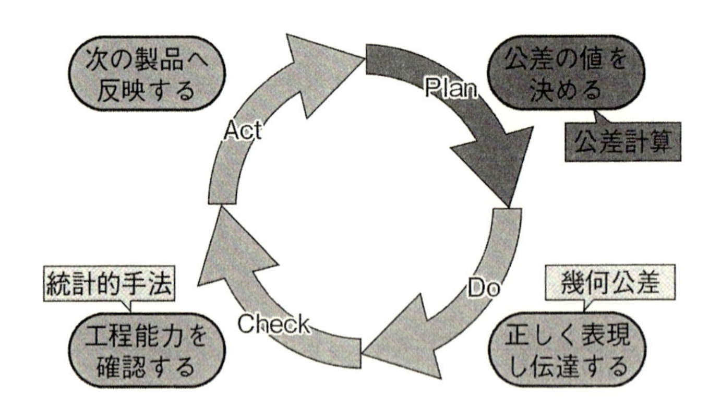

図1.11　公差設計のPDCA

そして，このように収集された情報を分析し，次の製品における公差設計へと反映させるのがPDCAの「Act」となる。設定した公差の値が目標の工程能力に見合ったものだったか，公差の表現方法が適切だったのかなどを確認し，不十分な点があれば修正していけばよい。

公差設計のPDCAを確実に回していきながら公差の「質」を向上させていくこと，そして常に現場のデータ（数字）で議論できることが，設計者としての実力を向上させていく上で非常に重要な取り組みになる。

6. 実際の公差計算を見てみよう（寸法公差）

では，公差計算の事例を見てみよう。わかりやすくするために，最も簡単な，寸法公差のみの事例で説明する。

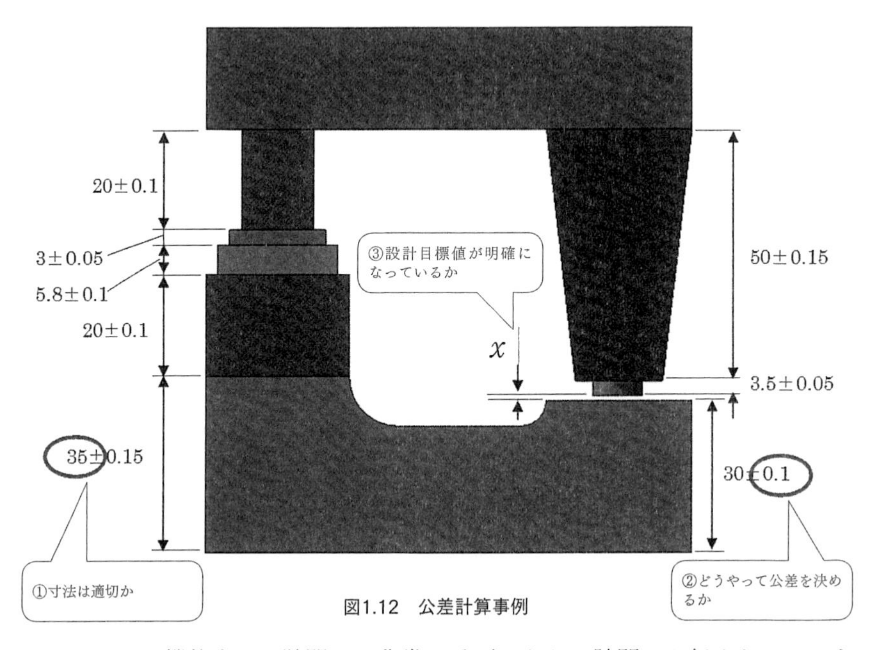

図1.12　公差計算事例

図1.12は，機能上から隙間 x が非常に重要であり，隙間 x が無くなってしまうと不良品になってしまう製品である。このとき公差設計では，まず，隙間 x が0にならない範囲で各部品の公差を割り振ることになる。

もちろん，その際に製造側にとって厳しすぎる公差であれば，トータル的に寸法と公差のバランスをとっていくことになる。

また図面には，様々な寸法や公差が設定されている。その時，①「寸法」は適切に設定されているか，②「公差」はどのように決められているか，を考えてみてほしい。これら寸法や公差は，③「設計目標値」を元に設計者が計算して求めるべきものである。つまり，設計目標値が明確になっていなければ，本

来，寸法も公差も決まっていないということだ

このような公差計算を行う場合，各企業において，**図1.13**のような公差計算書を用いて実施する例が多い。

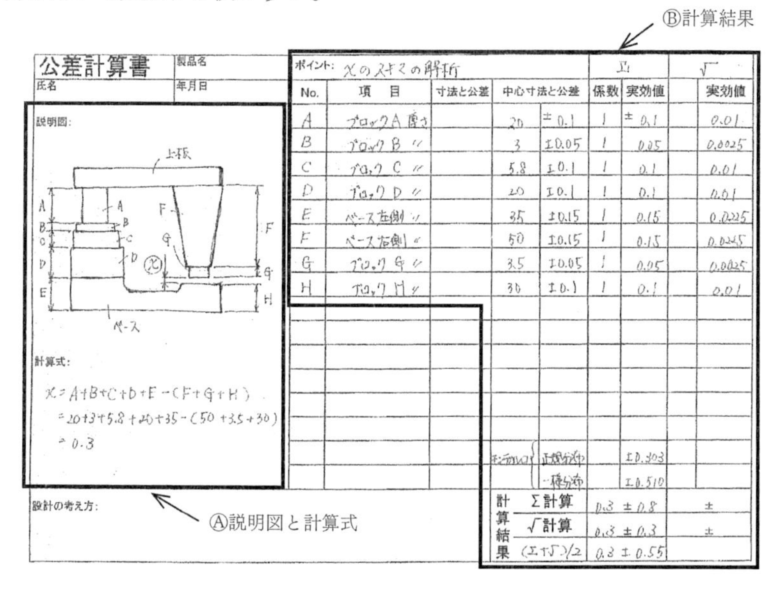

公差計算書

製品名

氏名

年月日

説明図:

上板

ベース

計算式:

x = A+B+C+D+E−(F+G+H)

=20+3+5.8+20+35−(50+3.5+30)

= 0.3

設計の考え方:

ポイント: xのスキマの解析

No.	項目	寸法と公差	中心寸法と公差		Σ 係数	Σ 実効値	√	√ 実効値
A	ブロックA 厚さ		20	±0.1	1	±0.1		0.01
B	ブロックB 〃		3	±0.05	1	0.05		0.0025
C	ブロックC 〃		5.8	±0.1	1	0.1		0.01
D	ブロックD 〃		20	±0.1	1	0.1		0.01
E	ベース左側 〃		35	±0.15	1	0.15		0.0225
F	ベース右側 〃		50	±0.15	1	0.15		0.0225
G	ブロックG 〃		3.5	±0.05	1	0.05		0.0025
H	ブロックH 〃		30	±0.1	1	0.1		0.01
モンテカルロ	正規分布			±0.303				
	一様分布			±0.510				
計算結果	Σ計算		0.3 ±0.8		±			
	√計算		0.3 ±0.3		±			
	(Σ+√)/2		0.3 ±0.55					

図1.13　公差計算書事例

まず，公差計算書の左側部分を見てみよう。説明図の部分には，この公差計算書で，どの装置のどこを計算しているのかが，一目でわかるように，図を記載している。また，計算式と書かれている部分には，xを求める計算式を記載している。この図の場合，xを求める式は，x =A+B+C+D+E-(F+G+H)となる。この計算式に出てくる記号こそが，xの隙間に関係してくる寸法であり，公差計算に含めるべき要因を割り出すのに必要になる。

次に，公差計算書の右側部分を見てみよう。ここには，計算式に出てきた，A～Hの寸法と公差を記入し，それらの数値を元に，公差計算を行う。ポイントは，**互換性の方法（Σ計算）**と**不完全互換性の方法（√計算）**（p.28で詳解）の他に，多様な計算方法があるということだ。各計算方法が持つ意味や，適用範囲，計算の手順については，第２章以降で説明する。

7. 寸法公差はサイズを，幾何公差は姿勢や形状を規制する

寸法公差と幾何公差の違いについて確認しておこう。**図1.14**には，寸法公差と幾何公差の両方が表記されている。30±0.3と90±0.3が寸法公差による表記であり30±0.3を例にとると，基準寸法30に対してプラス側に0.3，マイナス側に0.3，すなわち，厚みが29.7～30.3の中に入っていること，というものである。寸法公差はサイズを規制する。

※ JIS B 0401-1:2016 及び JIS B 0401-2:2016 において，「寸法公差」が「サイズ公差」に変更になっているが，本書では，周知されていないことを考慮して「寸法公差」を用いている。

寸法公差の測定は，**図1.15**のようなノギスやマイクロメータなどによる二点測定となる。そのため，表面のうねりやひずみは規制できない。

一方，平行度公差（実際には漢字での記載はない）と記したのが幾何公差の表記であり，**図1.16**のように，下の基準面Aに対し，平行であるべき上面の狂いの大きさが0.05の公差域の中に入っていること，というものである。**幾何公差はサイズではなく，姿勢や形状を規制するものなのだ。**

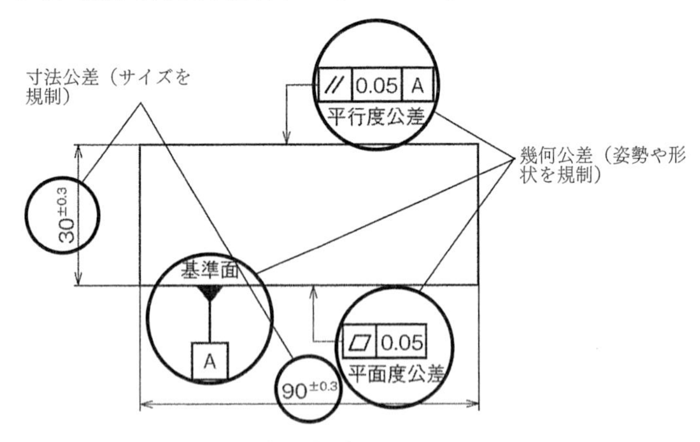

図1.14　寸法公差と幾何公差を表記した図面

この違いが重要だ。寸法公差と幾何公差の違いをよく理解してほしい。

また，幾何公差の測定の基本は**図1.17**のように，測定対象物と測定機（ダイヤルゲージや3次元測定機など）を同一の定盤・テーブル上に置いて測定する。そのため二点測定はできないが，平面度や平行度など種々の測定ができる。

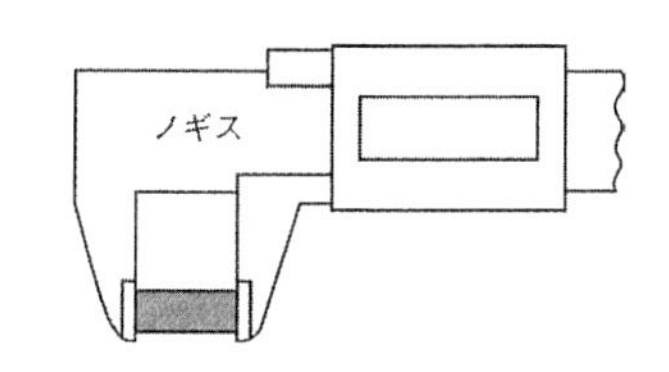

図1.15　ノギスによる二点測定

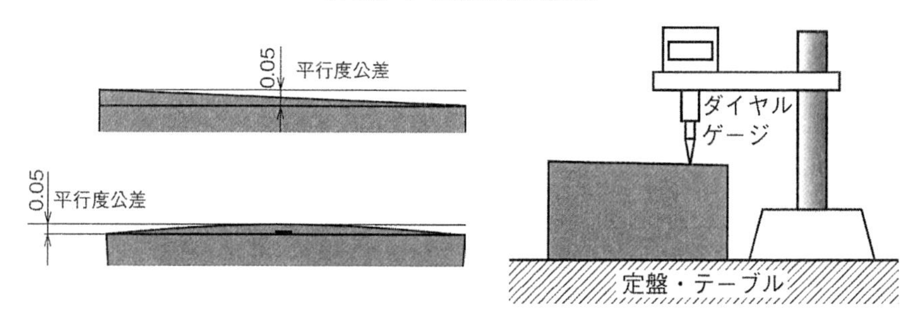

図1.16　幾何公差は姿勢や形状を規制する

図1.17　幾何公差の測定

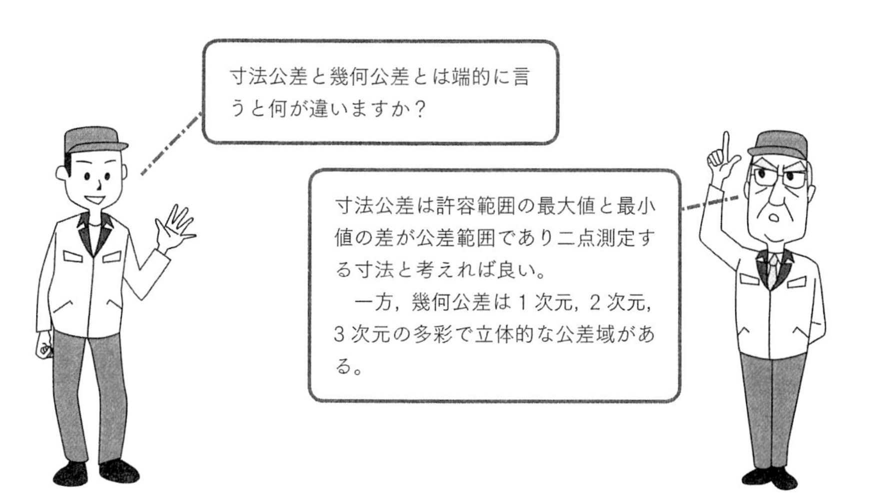

8. 公差計算と幾何公差はセットで検討せよ
ー GD&Tの考え方（1）

冒頭で述べたように，公差計算による公差値の決定と，製造・検査など後工程に正しく伝えるための幾何公差方式による図面への表記は，いわばセットとして身につけなければならないスキルである。これら一連のセット（システム）を，GD&T（Geometric dimensioning and tolerancing）と呼ぶ。まさに，これが公差設計の「Plan」と「Do」である。

GD&Tによる表記を簡単な例で説明しよう。筆者らが相談をうけた図1.18のような形状をした部品を用いて（実際はもっと複雑な形状だが）わかりやすく紹介する。

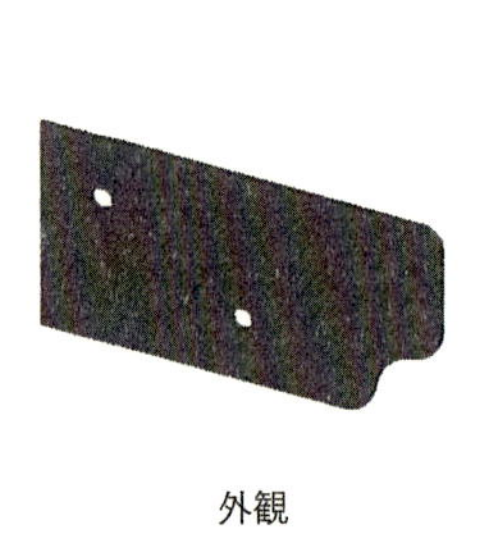

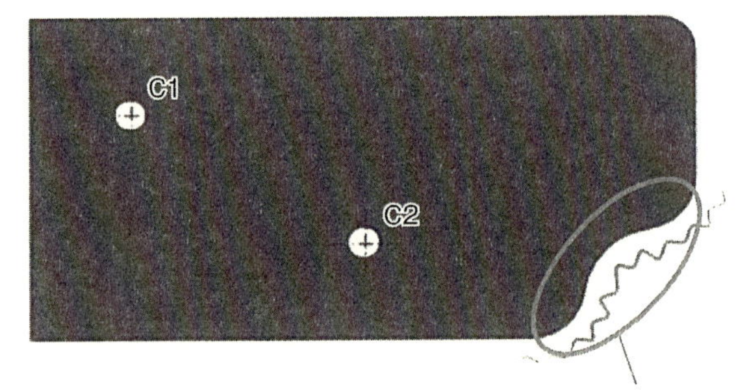

図1.18 設計者の意図

設計者は，この部品では，左側にある2つの穴を基準として，波線で示した部分の形状が非常に重要だと言う。つまり，省略しているが製品にした場合，相手の部品（波線部と同様の形状をした）との均一な隙間管理が性能に大きく影響するというわけだ。

このケースなら，読者はどのような図面を書くか，少し考えてほしい。実は，筆者らの会社には過去にも，これに類似した図面を持参して公差計算の方法を教えてほしいという依頼が相当数あった。

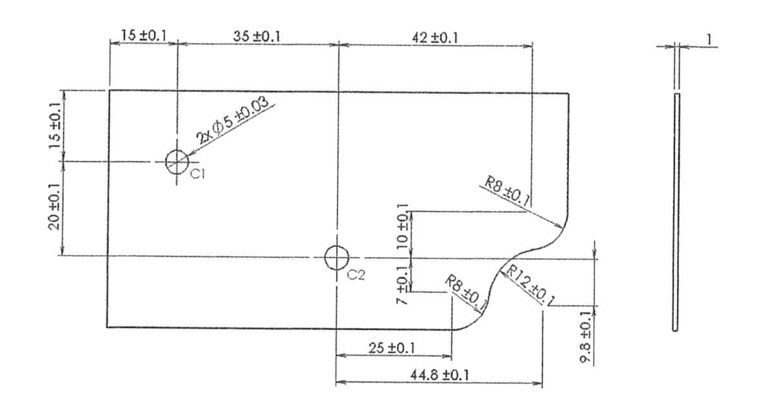

図1.19　寸法公差図面（設計意図が表現されていない例）

図1.19の図面では，設計者の意図は何ら表現されていない。寸法を入れてみて，ついでに公差も指定してみた，という程度のものである。この図面では多くの寸法公差が影響して，目的形状（R8とR12とR8で形成された連続形状）は大きくばらつくとともに，複雑にからみあっていて公差計算が成り立たない。

仮に，C1穴からの公差計算を考えてみよう。目的形状である右側のR8の位置は，X方向の公差計算とY方向の公差計算が影響して，さらに半径値の公差値も影響する。この様なわずかなR形状部に公差を指定することも，かつそれで連続した目的形状を管理しようとすることも本来有り得ない。

この様な図面を書いているとすれば，「図面と違うものができてくる」という管理者の嘆きもよく理解できる。当然，最終形状の測定はもとより目的形状を保証することもできない。この図面で相手部品との隙間の公差計算を行ことは非常に大変であるし，むしろ意味がない。

この様な設計者に対しては，失礼ながら，「図面を正しく書いてから再度相談に来てください」と言って，お帰りいただいている。この事例を用いてセミナーの最初に図面を書いてもらうと，やはり相当多くの方が，図1.19と同様の図面を書く，というのが現在の実態である。

次の図面を見てみよう。図1.19の図面を単純に幾何公差化した事例が**図1.20**である。公差の指定箇所が大幅に減って，スッキリした図面になっている。また，現実的に困難なRの測定の必要がなく，太い一点鎖線で示した部分を輪郭度測定により設計理想形状に対する偏差を調べれば良いことになる。ただ，公差計算の視点では，依然，データムB，Cからの重複した公差指示となっており，公差設計上にムダがある（データムについては，p.110を参照してほしい）。

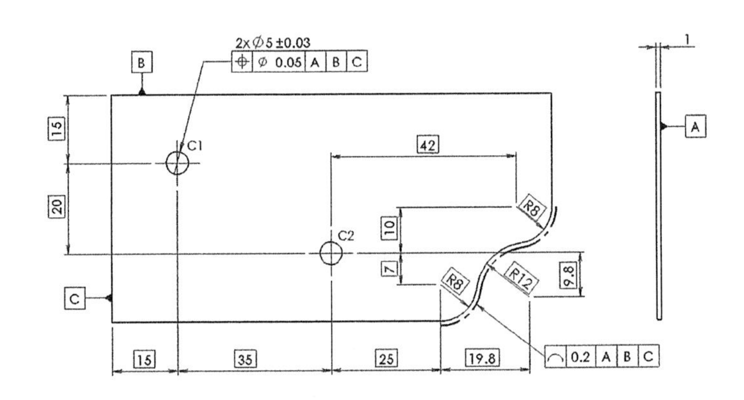

図1.20　単純に寸法公差を幾何公差化した図面（ムダがある例）

9. 設計意図を正しく伝える図面とはどんなものか
―GD&Tの考え方（2）

では，正しい図面はどうなるのか？　図1.21を見てみよう。

図の上部に記載しているデータムDについて説明する。本事例の設計者の意図である二つの穴基準のような場合によく使われる手法で，**グループデータム**と言う。幾何公差では，一般的にデータム平面A，データム平面B，データム平面Cの三平面データム系によって幾何公差を指示することが多い。しかし，本事例のように外形基準ではなく，穴や軸基準で輪郭度を規制したいというケースはかなり多くある。こういう時には，このグループデータムが大変有効である。このように，幾何公差を用いることにより，設計者の意図（本事例では二つの穴基準で目的形状を規制する）を正確に表現できるようになった。

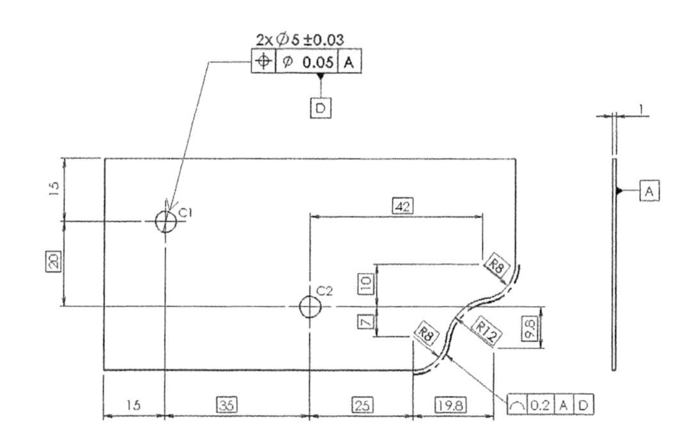

（注1）□で囲われた寸法は，理論的に正確な寸法と言い，p.107で紹介する。
（注2）公差が記入されておらず，□で囲われていない寸法には，普通許容差（p.13を参照）が適用される。

図1.21　公差設計をした上で作られた幾何公差図面（正しい例）

目的形状をダイレクトに規制する（この場合は±0.1）ことで，要因数（公差の指定箇所）が大幅に減り，公差計算は著しくやりやすくなるし，測定方法も明確で，当然品質管理も含めて大きなメリットがある。

正しく公差設計ができている設計者は，重要な箇所を必ずダイレクトに管理したくなる。その表現ツールとして幾何公差（特に，輪郭度と位置度p.138，p.148参照）を使用する。公差計算は製品で行うべきものであり，部品の中で公差計算を行うことは，本来有り得ない。

公差計算しやすい設計こそ，管理しやすい設計であり，当然，部品も作りやすいし，組立もしやすい。公差計算をやればやるほど，幾何公差が欲しくなる。

3次元公差解析ソフトを用いることもおおいに結構であるが，その前に「**図面が正しく書かれているか**」の方がはるかに重要である。

本書の第3章では，GD＆Tを中核とする公差設計の流れ，つまり目標の設定から実際の計算，幾何公差として表記するまでをケーススタディで紹介していく。これらはいわば公差設計の基礎にあたる。より高度な理解を必要とする，たとえばガタ，レバー比など複雑なメカニズムの公差設計につなげる公差設計の登竜門と考えてほしい。

我が国の製造業は，欧米ですでに確立された製品を取り入れることで成長してきた。アーキテクチャのある程度決まっている製品に対して，改良設計という形で品質や機能を高めることに注力してきたのである。しかし，長らく作る物が決まっている状況下で設計を続けていくうちに，次第に流用が増え，図面に設計意図を込める，製造を考えて設計するという配慮が欠けていってしまったのではないだろうか。幾何公差を記述する場合にも，前任者の図面から写し取っているケースが少なくないようだ。

公差設計に取り組むことは，鈍磨してしまった製造業の本能を呼び覚ますうえでも有効であろう。折しも現在，製造業に強く求められているのは，今までにない新しい製品である。世界初，我社初の製品を設計するために，GD＆Tは無くてはならないスキルであり，読者諸氏の大いなる武器になってくれるものである。

Column　公差設計を軽んじたがために生じた失敗例

ぜんまい動力のオールプラスチックのレーシングカーエンジンを作った時の失敗例：

当時，世界最小で何とスケールスピード５００Ｋｍ／ｈという恐ろしくパワフルなモノを作った。若きメカエンジニアとしては，心躍る楽しいテーマだった。試作品が完成して，初めてぜんまいを巻き上げて，「ウィーン」と，疾走して行く姿を見たときには，ああこういう仕事を今後もして行きたいものだと思った。耐久試験装置などを作るコストもかけられないので，皆で両手に持って，ぜんまいを巻き上げ，開放すること５００回。紙に「正」の字を書きこんで通算回数をカウントする試験も苦にはならなかった。また，走行試験などは，実験室の床に，両側に壁を配したテストコースを作って，日々やったのも楽しい思い出だ。

さて，楽しいことばかりでなく，若気の至りでの落とし穴があり，それは，まさに公差設計の甘さからくるものだった。歯車は5部品，それを受けるフレーム部品が上，中，下と3部品の構成なのだが，当然コストダウンのために，射出成形の金型は，歯車は6個取り，フレーム類は何と16個取りという多数個取り金型であった。問題は，フレームの穴位置精度で，プラスチックであるから，多少の誤差は吸収してくれるであろうという読みから，公差についてはＫＫＤ（勘，経験，度胸）で適当に計算して設定していた。そこには，客先である玩具メーカーとしては，戦略的商品で市場への投入時期を最優先にしたい，という強い要請もあった。通常の量産立ち上げスピードとは比較にならない日程で，量産まで漕ぎ着けた。

いざ，量産をしてみると，やはり金型相互間の位置精度の差が生じており，組み合わせによって不具合が生じたのである。現象としては，スピードが極端に遅い，ぜんまいの巻き上げと巻き戻しの切り替えがスムーズに行われないなど，いくつかのケースが出現した。それで，取った対策が苦肉の策で，星取表のように，三つのフレーム部品の組み合わせ表を作り，組み合わせても問題の無いものと，問題のある組み合わせを一覧表にして，製造する方々に表を見ながら組み立てるということを強いたのである。成形の際に，金型番号ごとに別々に取り出している設備で，かつ部品に金型番号が刻印されていたからまだ良かったが，もしも型番号別でなく部品が混合していたら，と考えると青くなる事態であった。こういった安易な公差設計による製品を流すことは，許されるべきことでないことは確かである。これは，まさに不完全互換の例である。今思い返せば，公差計算を緻密にやっておけば，何ら問題ないことと思い起こされる。まさに，「急がばまわれ」「転ばぬ先の杖」の格言通りである。

第2章

公差計算の基礎知識

第1章では，公差設計の概要と，その重要性について述べてきた。
ここでは，公差計算を行うための基礎知識について説明する。
公差の計算自体は難しいものではない。ただし，一番大事なのは複数の公差計算方法の意味を理解し，計算された結果に対して，どのように判断し，処置をするのかを知ることである。
次の第3章では，事例に基づいて，公差設計の手順とポイントをケーススタディで説明するが，その前に公差計算で使われる言葉の意味や，計算方法を理解しておこう。

10. 互換性の方法と不完全互換性の方法

これまで述べてきた通り，公差は，どのように設定するかによって，製品の品質とコストに直結する。公差を厳しくすれば製造コストは上がり，緩くすれば下がる。

ただし，公差を緩くしすぎると，製造コストは下がっても，製品が組み立てられない，組み立て後に動作しないといった問題が発生し，結果としてトータルコスト増となってしまうことがある。公差を厳しくすれば高い品質の部品が出来上がり，組み立てやすく，組み立て後も問題が発生しにくくなるからだ。これら品質とコストをトータル的にバランスするところに，公差を設定する必要がある。

互換性の方法と不完全互換性の方法

量産部品を例にとって考えてみよう。量産される部品は，すべての部品を基準寸法通りに作ることはできない。工作機械の性能向上はめざましいが，同じ方法で加工した部品でも，その寸法や形状には微小なばらつきが発生することを考慮することが重要である。

ここで互換性について説明する。互換性とは，量産した全ての部品集合の中のものであれば，どの部品を持ってきて組み立ててもOK(問題が発生しない)というものである。この互換性を完全に満たすためには，部品の公差は非常に厳しくしなければならない。このことから，不完全互換性の考え方が生み出された。不完全互換性とは，部品の公差を少し緩めても，組立品の要求から外れてしまう確率が極めて小さい場合には，必ずしも互換性を完全に満たすことにとらわれずに，部品公差を決める，ということである。

ワンポイント 公差を厳しくすれば製造コストが上がり，緩くすれば下がる：基本的には正しいが，例えば普通の工場で普通に加工できるくらいの公差であれば，それ以上緩めても製造コストは変わらないので注意が必要である。

例えば，いくつかの部品について，その公差値を少しだけ緩めると大幅なコストダウンが出来るが，そうすると計算上は組立品の要求から外れてしまうものが出ることになる。しかし，要求から外れてしまうものが発生する確率が，例えば千台につき１台，あるいは1万台につき１台程度であることが十分に予測でき，しかも簡便な方法で手直しが出来るのであれば，その1台のために公差値を緩めてはどうだろうかという考え方である。

公差が設定された部品が組み立てられた場合に，組立品の公差がどのようになるかを計算する方法として，「互換性の方法」と「不完全互換性の方法」の二つがある。以下にそれぞれの計算式を示すが，「互換性の方法」は，組立品を構成するすべての部品の公差値をそのまま足し合わせた式であり，Σ計算と呼ばれている。これは，全ての部品が公差の中の最悪の状態で組み合わさった場合を考慮した計算方法である。

一方，「不完全互換性の方法」は，組立品を構成する全ての部品の公差値を二乗して足し合わせた値の平方根を取る方法であり，√計算と呼ばれている。「不完全互換性の方法」は，全ての部品のばらつきが正規分布することを想定し，分散の加法性（p.37で説明）を利用した計算方法である。

・互換性の方法（Σ計算）

公差　$T = T_1 + T_2 + T_3 + T_4 + \cdots T_n$

・不完全互換性の方法（√計算）

公差　$T = \sqrt{T_1^2 + T_2^2 + T_3^2 + T_4^2 + \cdots T_n^2}$

例えば，Σ計算を使って計算した場合，√計算に比べて，組立品の公差計算結果の値が大きく出てくるため，組立品の要求を満たすためには，個々の部品の公差値は厳しく設定する必要が出てくる。逆に√計算では，Σ計算に比べて公差値を緩く設定できる。

見ていただいてわかる通り，これらの計算式を覚えるのは簡単であるが，この計算式の背景を知っておくことが公差設計を行う上では必要である。先にも述べたように，Σ計算は全ての部品が公差の中の最悪の状態で組み合わさった場合を考慮した計算方法であり，√計算は全ての部品が正規分布でしっかり管理されることを前提としていて，お互い相反する計算をしている。そのため，実際には，Σ計算と√計算を組み合わせた独自の計算式を使う企業も少なくはない。これら計算方法をどのように使い分けるかが，各企業のノウハウであり，競争力ある製品開発の肝となるところである。

ワンポイント 公差の計算は，量産する製品だけに適用されるものではなく，たとえば1台しか製作しない機械装置などにも適用できる。

11. 公差計算のための予備知識① — 正規分布の性質

注意しなければならないのは，**公差とばらつき**を混同してはいけないということだ。たとえば，長さ100mmの金属の丸棒を加工するとき，同じように加工したつもりでも，寸法や形状にはばらつきが発生するのが現実である。全ての金属棒を100mmぴったりに仕上げることはできない（図2.1）。このばらつきを小さくするように設計と製造の両面から取り組むわけだが，それでもばらつきをゼロにすることはできない。基本的に，このばらつきは図2.2（これをヒストグラムという）のように，目標とする寸法を中心として上下にばらつく。

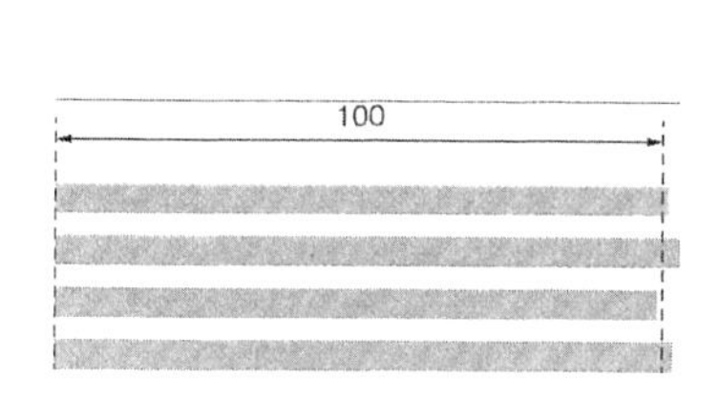

図2.1　金属棒の長さのばらつき

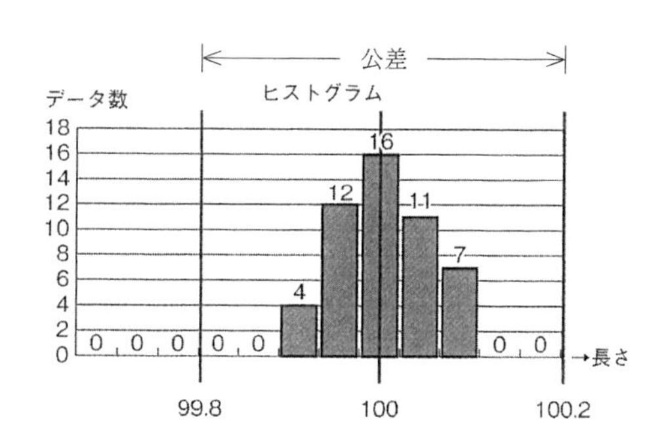

図2.2　ばらつきを表すヒストグラム

そこで，この金属棒の用途によって，目標寸法（100）に対してばらついても許される上限の許容値（100.2）と，下限の許容値（99.8）を決めておく（図2.2の縦の線）。この両方の値の差（許容範囲）を公差という。つまり**公差はものを作る前に決めておく値であり，ばらつきはものが出来てから得られる値**という違いがあるのだ。

ヒストグラムは，限られたデータ数によって表された分布だが，実際のものづくりの現場では膨大な数の部品を製造する。その場合の分布はどのようになるだろうか。図2.3を見てほしい。

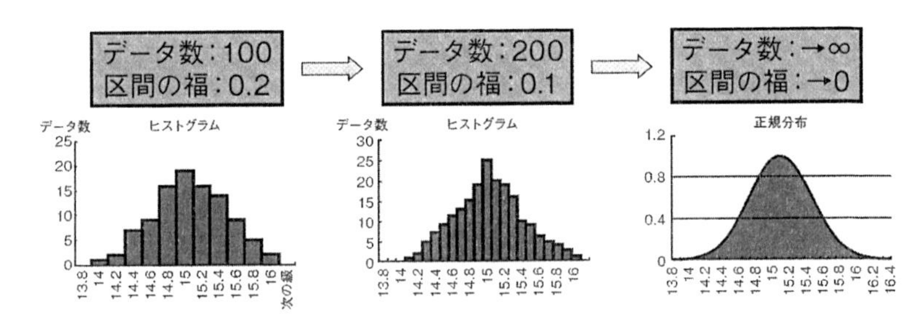

図2.3　データ数を増やすと正規分布になる

ヒストグラムのデータ数を増やし，区間の幅を狭くしていくと，図2.3の右のようになめらかな曲線を描く。この分布を「**正規分布**」と呼ぶ。ヒストグラムを描いてみて，ほぼ左右対称の釣鐘型を示せば，その**母集団**（後述）は正規分布とみなすことができる。適切に管理された工程から得られるデータの分布は正規分布になることが多いため，この正規分布の性質を知ることは公差を考えるうえで非常に重要だ。

ヒストグラムでは，「Ⅰ．分布の形」「Ⅱ．中心位置，」「Ⅲ．ばらつきの大きさ」のイメージがひと目で把握できるようになっている。たとえば，図2.2を見れば，Ⅰ．分布の形が，ほぼ左右対称で釣鐘型なので正規分布とわかる。またⅡ．中心位置と，Ⅲ．ばらつきの大きさは，次のように表す（**図2.4**）。

Ⅱ．　中心位置：平均値＝μ

Ⅲ．　ばらつきの大きさ：標準偏差＝σ

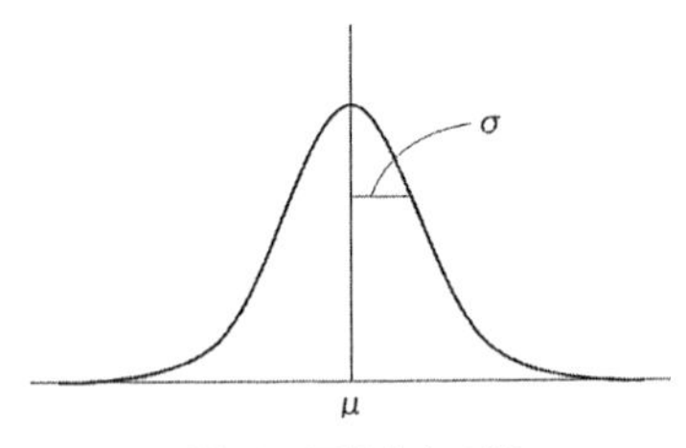

図2.4　正規分布の形

なお，以降の項目では，しばらくは数理的な説明が出てくるが，細かい数式にこだわるのではなく，基本的な性質を理解して活用することに心がけてほしい。

12. 公差計算のための予備知識② — 母集団とサンプル

公差計算をする上では，前項で説明した平均値と標準偏差を把握しなければならないが，膨大な部品を全て全数検査することは現実的ではない。そのため，実際には，膨大な部品集合の中から，いくつかのサンプルを取り出して測定し，そのデータから，平均値や標準偏差を推測することとなる。このとき，情報を得たいと考えている対象の全体を，母集団という（図2.5）。また，表2.1に示す通り，厳密には，母集団の平均値及び標準偏差と，サンプルから推測された平均値及び標準偏差では表す記号を区別している。

一般的に表示される正規分布のグラフは，サンプルのデータで計算された統計量から推測した母数をもとに，母集団をシミュレーションしたものなので，その正規分布の平均値にはμ，標準偏差にはσを使う（図2.5）。

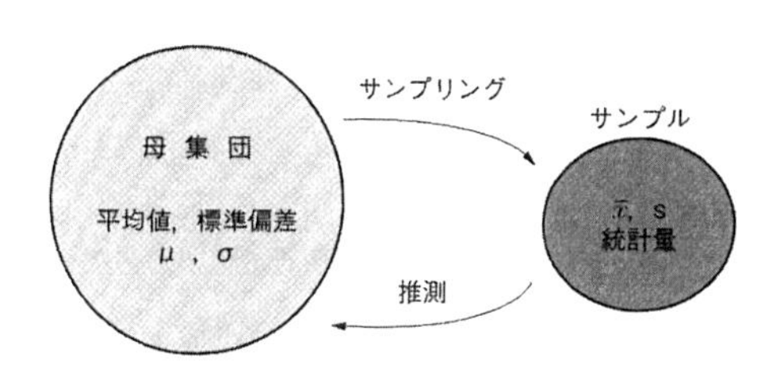

図2.5　母集団とサンプルで使う記号

表2.1　母集団とサンプルで使う記号

	数値の総称	平均値	標準偏差
母集団	母数	μ	σ
サンプル	統計量	$\bar{x}$	s

13. 公差計算のための予備知識③ ― 平均値と標準偏差の求め方

ここでは，平均値と標準偏差の求め方について説明する。

（1）平均値

平均値は日常生活でもよく使うので，その概念は理解しやすいだろう。単純に，データ全部を合計してデータ数で割れば平均値を求められる。

データ全部が n 個の場合には，以下の式のようになる。

データが全部で n 個ある場合には，

$$\text{平均値}\ \overline{x} = \frac{x_1 + x_2 + x_3 + \cdots + x_n}{n}$$

$$= \frac{\sum x_i}{n}$$

この計算で求めた平均値はサンプルの統計量だが，正規分布とみなす場合には μ で表す。

（2）標準偏差

標準偏差とは，ばらつきの大きさを数値で表したものだ。偏差とは個々のデータと平均値との差のことで，平均値からの距離とも考えられる（図2.6）。そこで全データの偏差を合計し，データ数で割った値をばらつきの指標にしようと考えてみる。つまり偏差の平均値（データの平均値と混同しないように）だ。

ただし，偏差の平均値を計算する際，全体の平均値と個々のデータの差を単純に計算すると，平均値より小さいデータの場合には偏差がマイナスの値となってしまう（図2.6）。そのため，全データの偏差を合計すると0（ゼロ）になってしまうので，ばらつきの指標には使えない。

そこで，個々のデータの偏差を2乗し，マイナスにならないようにする。そして，それらを合計して平均値を計算する。ただし，平均値といっても偏差の合計を割る数値はサンプル数から1を引いた $n-1$（これを自由度という）にする。さらに，偏差を2乗しているので，もとの単位に戻すために平方根をとる。

こうして計算された値を標準偏差といい，計算式は下記のようになる。

$$標準偏差s=\sqrt{\frac{\Sigma(x_i-\overline{x})^2}{n-1}}$$

計算された標準偏差はサンプル統計量だが，正規分布とみなす場合には σ で表す。

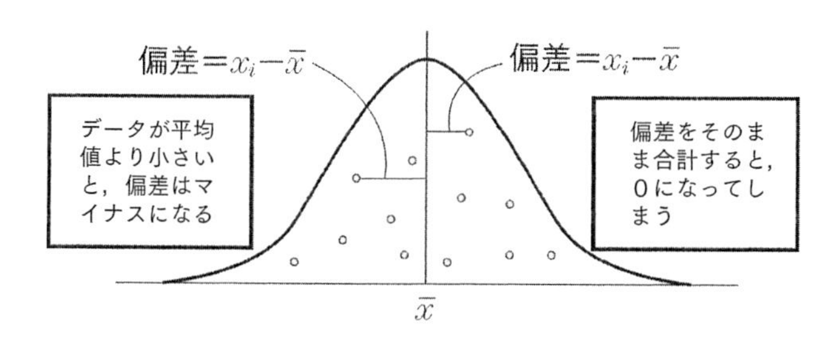

図2.6　偏差とは

14. 公差計算のための予備知識④ ― 正規分布の表し方

正規分布は，平均値μと標準偏差σが決まれば分布の形が決まることから，次のように表記する（図2.4も参照）。

平均値μ，標準偏差σの正規分布 → N（μ，σ^2）

Nとは，英語のNormal distribution（正規分布）からきている。また，σが2乗で表記されている，このσ^2を分散と呼び，分布を組み合わせた時のばらつきの計算に使う。

正規分布の確率密度関数$f(x)$は次の式で表される。確率密度関数は本書では使用しないが，正規分布を表す式として参考に記載した。

$$f(x)=\frac{1}{\sqrt{2\pi}\cdot\sigma}\exp\left\{-\frac{(x-\mu)^2}{2\sigma^2}\right\}$$

正規分布は，μとσが決まれば具体的な形状が決まるが，**図2.7**は，N（$-1,2^2$）とN（$2,0.5^2$）の正規分布を重ねて表示したものだ。μの値によって分布の中心位置が決まり，σの値によって分布の広がり具合が決まる。基本的にσが大きい（ばらつきが大きい）方が，横に広くなる。

このように，μとσの変化で形状は変わるが，左右対称で釣鐘型という正規分布の基本の形は変わらない。また，どんな場合でも**正規分布の面積は1（100%）になる。**

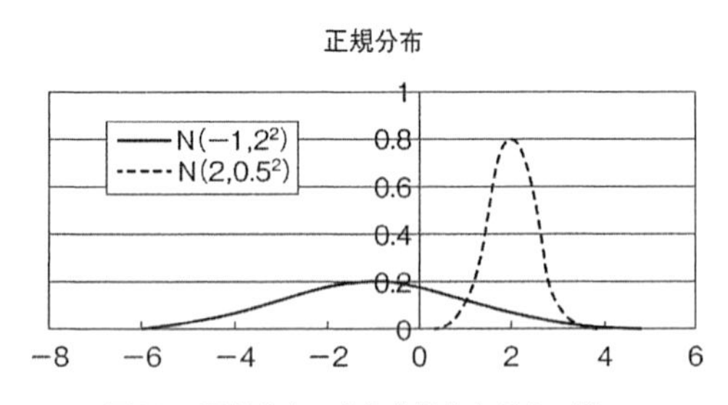

図2.7　正規分布の中心位置と広がりの違い

15. 公差計算のための予備知識⑤ー分散の加法性

設計では，多数の部品が組み合わさったときに製品の仕様を満足できるかどうかが重要となる。実際の公差設計では，多数の部品を考えなくてはならないが，話を単純にするために，ここでは2部品を組み合わせたときを考えてみよう。各部品の寸法は，正規分布していることにする。

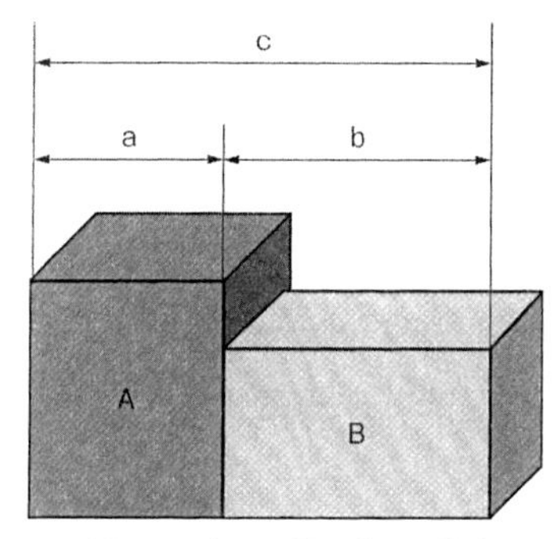

図2.8　2部品の組み合わせ(和)

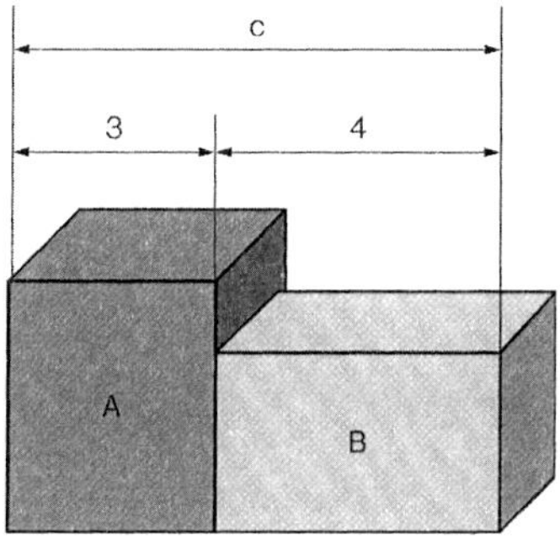

図2.9　寸法aと寸法bの値

図2.8のa寸法がN（μ_a, σ_a^2），b寸法がN（μ_b, σ_b^2）の正規分布でばらついている場合，それらを組み合わせたc寸法のばらつきはどうなるだろうか。

実は，正規分布の和は，やはり正規分布になり，この場合cの平均値をμ_cとすると$\mu_c = \mu_a + \mu_b$，またcの分散をσ_c^2とすると$\sigma_c^2 = \sigma_a^2 + \sigma_b^2$となる。

この法則を当てはめて，実際の数値を使って計算してみよう。寸法aはN（$3, 0.1^2$），寸法bはN（$4, 0.15^2$）の正規分布とする（図2.9）。

この場合，

平均値：$\mu_c = 3 + 4 = 7$

分散：$\sigma_c^2 = 0.1^2 + 0.15^2 = 0.0325 = 0.18^2$

よって，寸法cの分布はN（$7, 0.18^2$）となる。

これを**分散の加法性**といい，公差設計に活用される基本的な計算式となる（図2.10）。正規分布の和で分散の加法性が成り立つことを説明したが，差ではどうだろうか。実は差の場合にも，分散の加法性は成り立つ。たとえば，図

2.11のような部品の組み合わせで，A部品の高さ寸法aとB部品の高さ寸法bとの差である段差のc寸法はどのような分布になるかを考える。

a寸法がN（μ_a, σ_a^2），b寸法が，N（μ_b, σ_b^2）の分布に従う場合，c寸法の平均値は$\mu_c = \mu_a - \mu_b$，分散は$\sigma_c^2 = \sigma_a^2 + \sigma_b^2$の正規分布になる。

差の場合，平均値の計算は差になるが，分散は和になることに注意してもらいたい。従って，差の場合でも，ばらつきは大きくなるのである。

分散の加法性について整理すると次のようになる。二つの正規分布N（μ_1, σ_1^2）とN（μ_2, σ_2^2）の和，もしくは差の分布は正規分布となり，その平均値と分散は表2.2のようになる。

分布の和でも差でも分散は和になることから，分散の加法性は統計的手法の基本的な計算式として広く活用されている。ここで注意しておきたいことは，加法性が成り立つのは分散であって，標準偏差ではないということだ。標準偏差で表す場合には，下式のように平方根をとることになる。

$\sigma = \sqrt{(\sigma_1^2 + \sigma_2^2)}$（注意：$\sigma \neq \sigma_1 + \sigma_2$）

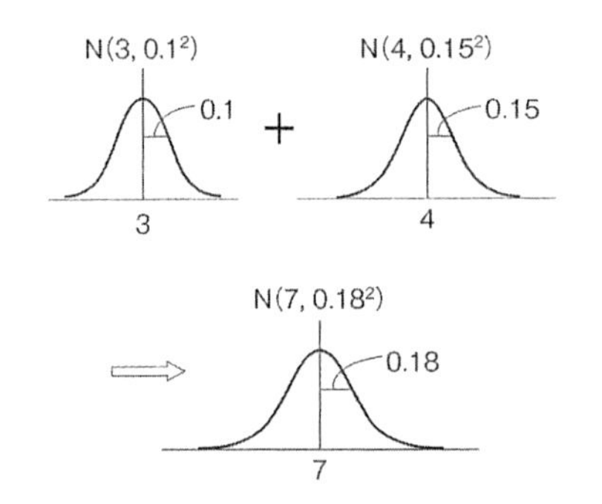

図2.10　分散の加法性(和)

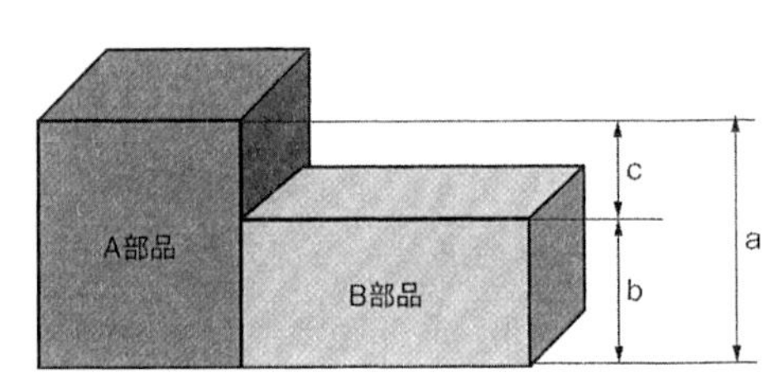

図2.11　2部品の組み合わせ(差)

表2.2　平均値と分散

	和	差
平均値	$\mu_1 + \mu_2$	$\mu_1 - \mu_2$
分散	$\sigma_1 + \sigma_2$	$\sigma_1 + \sigma_2$

16. 不良率計算のための予備知識① ─ 正規分布の確率

前述したとおり，√計算は，ばらつきとその扱いからくる統計理論をベースとした計算方法である。つまり，ある確率で不良が発生するということである。以下では，不良率（たとえば，100台作った場合に不良になる確率）を求める方法について説明する。

「14. 公差計算の予備知識④」（p.36）で示したように，正規分布の中の面積は1（100%）となる。

では，$\pm\sigma$の間の面積，つまりそこにデータが存在する確率はどのくらいだろうか。実は，どのような正規分布でも，$\pm\sigma$の間にデータが存在する確率は全く同じで，約68.3%になる（図2.12）。σを何倍にしても同様で，$\pm 2\sigma$の場合には95.4%，$\pm 3\sigma$の場合には99.7%と，全ての正規分布で全く同じ確率に

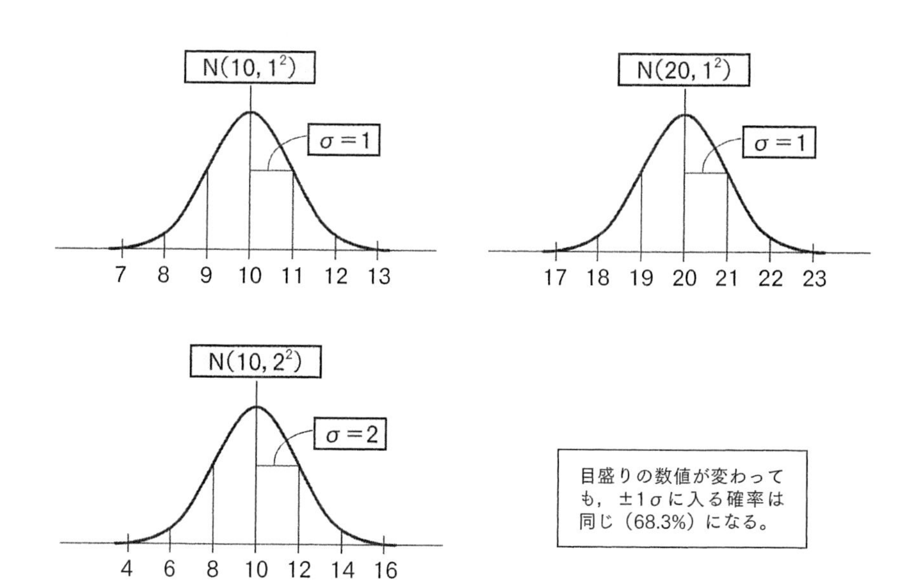

図2.12　同じ確率を示すさまざまな正規分布

なる（**図2.13**）。

そこで，話を単純化するために，平均値＝0，標準偏差＝1（分散＝1^2）の正規分布で考えてみよう（**図2.14**）。この分布を**標準正規分布**（Standard Normal distribution）と呼ぶ。この分布の横軸の目盛り値は，そのまま標準偏差の何倍に当たるかに相当する。従って，±1の間に入る確率は68.3％になる。

この性質を利用して，「ある値以上の確率」「ある値以下の確率」といったものを求めることができる。

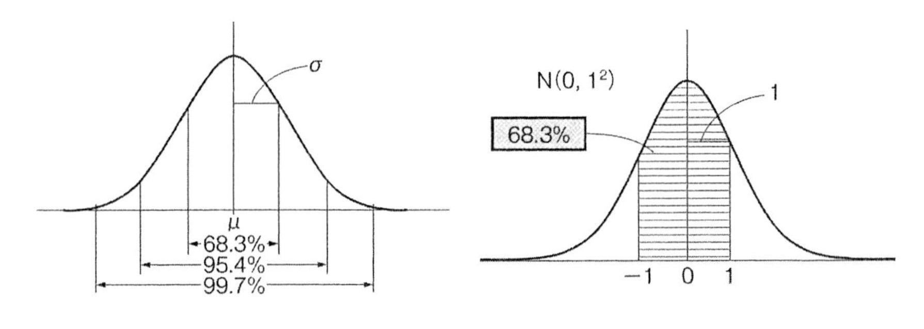

図2.13　正規分布と確率

図2.14　標準正規分布の確率

17. 不良率計算のための予備知識②―不良率の求め方

ある値以上とか，ある値以下の確率が求められるとすれば，規格値を設定すれば不良率が求められる。仮に，工程の分布が，標準正規分布だったとする（実際にはそのようなことはありえないが…）。

規格値，ここでは上限規格Kεとするが，そのときの不良率を求める場合は正規分布表を使用する。**表2.3**に正規分布表を示す。

正規分布表には，標準正規分布におけるKε以上の確率を表す数値εが記載されており，Kεから求めた数値（数値ε）がそのまま不良率になる（**図2.15**）。

表2.3　正規分布表

Kε	0	1	2	3	4	5	6	7	8	9
0.0	0.500000	0.496011	0.492022	0.488033	0.484047	0.480061	0.476078	0.472097	0.468119	0.464144
0.1	0.460172	0.456205	0.452242	0.448283	0.444330	0.440382	0.436441	0.432505	0.428576	0.424655
0.2	0.420740	0.416834	0.412936	0.409046	0.405165	0.401294	0.397432	0.393580	0.389739	0.385908
0.3	0.382089	0.378281	0.374484	0.370700	0.366928	0.363169	0.359424	0.355691	0.351973	0.348268
0.4	0.344578	0.340903	0.337243	0.333598	0.329969	0.326355	0.322758	0.319178	0.315614	0.312067
0.5	0.308538	0.305026	0.301532	0.298056	0.294598	0.291160	0.287740	0.284339	0.280957	0.277595
0.6	0.274253	0.270931	0.267629	0.264347	0.261086	0.257846	0.254627	0.251429	0.248252	0.245097
0.7	0.241964	0.238852	0.235762	0.232695	0.229650	0.226627	0.223627	0.220650	0.217695	0.214764
0.8	0.211855	0.208970	0.206108	0.203269	0.200454	0.197662	0.194894	0.192150	0.189430	0.186733
0.9	0.184060	0.181411	0.178786	0.176186	0.173609	0.171056	0.168528	0.166023	0.163543	0.161087
1.0	0.158655	0.156248	0.153864	0.151505	0.149170	0.146859	0.144572	0.142310	0.140071	0.137857
1.1	0.135666	0.133500	0.131357	0.129238	0.127143	0.125072	0.123024	0.121001	0.119000	0.117023
1.2	0.115070	0.113140	0.111233	0.109349	0.107488	0.105650	0.103835	0.102042	0.100273	0.098525
1.3	0.096801	0.095098	0.093418	0.091759	0.090123	0.088508	0.086915	0.085344	0.083793	0.082264
1.4	0.080757	0.079270	0.077804	0.076359	0.074934	0.073529	0.072145	0.070781	0.069437	0.068112
1.5	0.066807	0.065522	0.064256	0.063008	0.061780	0.060571	0.059380	0.058208	0.057053	0.055917
1.6	0.054799	0.053699	0.052616	0.051551	0.050503	0.049471	0.048457	0.047460	0.046479	0.045514
1.7	0.044565	0.043633	0.042716	0.041815	0.040929	0.040059	0.039204	0.038364	0.037538	0.036727
1.8	0.035930	0.035148	0.034379	0.033625	0.032884	0.032157	0.031443	0.030742	0.030054	0.029379
1.9	0.028716	0.028067	0.027429	0.026803	0.026190	0.025588	0.024998	0.024419	0.023852	0.023295
2.0	0.022750	0.022216	0.021692	0.021178	0.020675	0.020182	0.019699	0.019226	0.018763	0.018309
2.1	0.017864	0.017429	0.017003	0.016586	0.016177	0.015778	0.015386	0.015003	0.014629	0.014262
2.2	0.013903	0.013553	0.013209	0.012874	0.012545	0.012224	0.011911	0.011604	0.011304	0.011011
2.3	0.010724	0.010444	0.010170	0.009903	0.009642	0.009387	0.009137	0.008894	0.008656	0.008424
2.4	0.008198	0.007976	0.007760	0.007549	0.007344	0.007143	0.006947	0.006756	0.006569	0.006387
2.5	0.006210	0.006037	0.005868	0.005703	0.005543	0.005386	0.005234	0.005085	0.004940	0.004799
2.6	0.004661	0.004527	0.004397	0.004269	0.004145	0.004025	0.003907	0.003793	0.003681	0.003573
2.7	0.003467	0.003364	0.003264	0.003167	0.003072	0.002980	0.002890	0.002803	0.002718	0.002635
2.8	0.002555	0.002477	0.002401	0.002327	0.002256	0.002186	0.002118	0.002052	0.001988	0.001926
2.9	0.001866	0.001807	0.001750	0.001695	0.001641	0.001589	0.001538	0.001489	0.001441	0.001395
3.0	0.001350	0.001306	0.001264	0.001223	0.001183	0.001144	0.001107	0.001070	0.001035	0.001001

たとえばKε ＝2.50のとき，正規分布表で縦軸2.5の行と横軸0（横軸は小数点第2以下のKε の数値）列が交わるところの値を見ると0.00621になるため，不良率は0.00621×100＝0.62％と推定される（図2.16）。

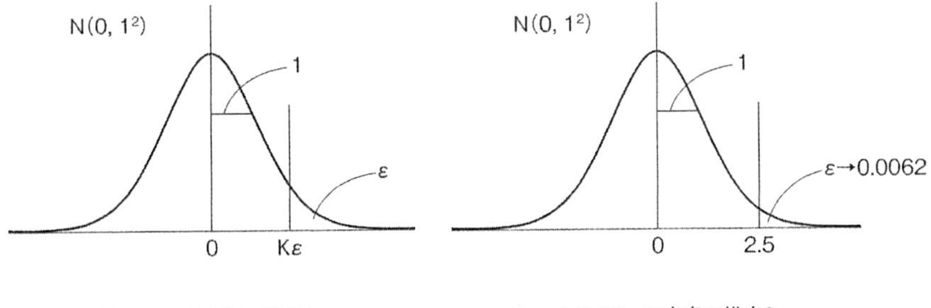

図2.15　不良率の推定1

図2.16　不良率の推定2

18. 不良率計算のための予備知識③ — 正規分布の規準化

（1）正規分布の規準化

標準正規分布での不良率の推定はできたが，実際のデータは，平均値・標準偏差ともにさまざまな数値が出てくる。その場合はどうすれば良いのだろうか。「16. 不良率計算のための予備知識①」（p.39）で，$\pm\sigma$ の何倍かが決まれば，その間の確率は全ての正規分布で同じになることを説明した。ということは，ある値（たとえば上限規格値）が平均値から σ の何倍離れているかがわかれば，それより上の確率がわかることになる。

そのために，実際のデータを標準正規分布に変換する必要があるが，これを**正規分布の規準化**という（図2.17）。

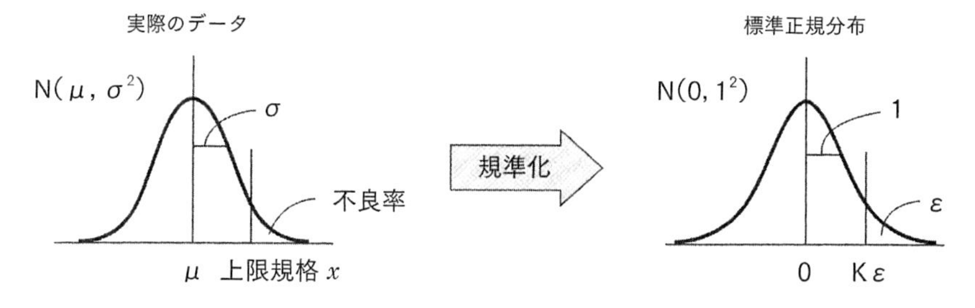

図2.17 正規分布の規準化

（2）正規分布の規準化の式

平均値 μ，標準偏差 σ の正規分布において上限規格値を x とすると，規準化した後の上限規格値 $K\varepsilon$ は，以下の式で求められる。

$$K\varepsilon = \frac{x-\mu}{\sigma}$$

この式の意味を解説すると，**図2.18**のようになる。標準正規分布にするため，まず平均値 μ を0にする。これによって，x も μ だけ動き，「$x-\mu$」になる。この際，ばらつきの大きさは変わらないので，σのままである。次にσを1にしなくてはならない。そのためには，正規分布全体をσで割る。これにより，平均値からxまでの距離がσの何倍かを計ることができる。つまり，その距離は（$x-\mu$）/σとなり，これがKεになる。

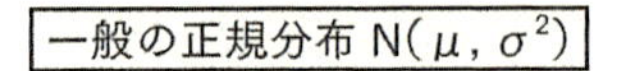

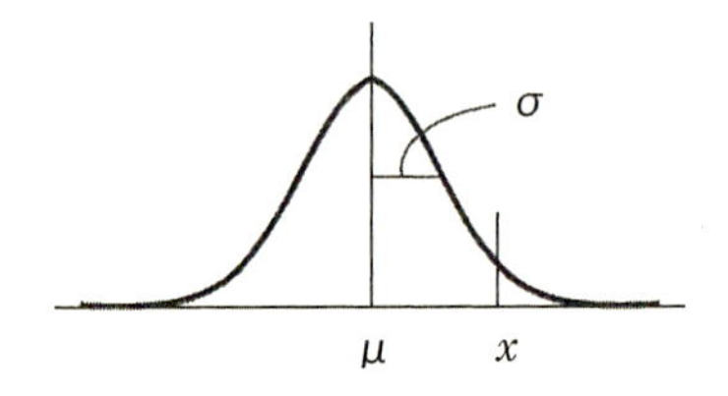

平均値μを0にする

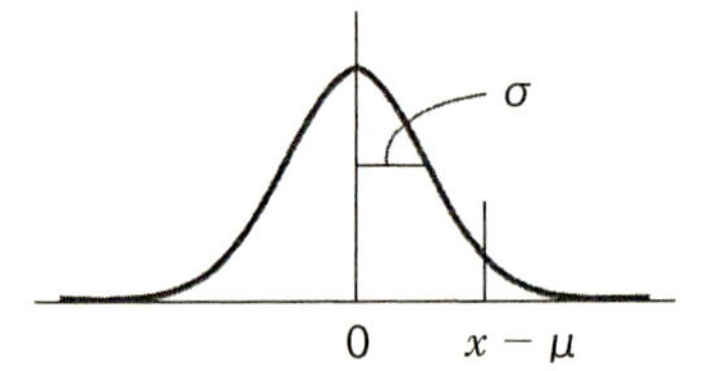

標準偏差σを１にする

標準正規分布 $N(0, 1^2)$

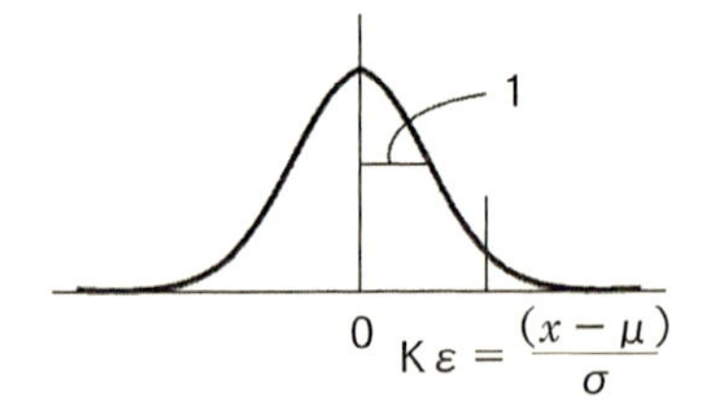

図2.18　規準化の手順

19. 不良率計算のための予備知識④

―工程能力指数（Cp）の算出

工程能力は，ばらつきの大きさと規格の幅（公差域）によって評価する。その際，工程能力指数はCp（Process Capability）という記号を用い，次の計算式で求める（図2.19）。

$$Cp=\frac{S_u-S_L}{6\times \sigma}$$

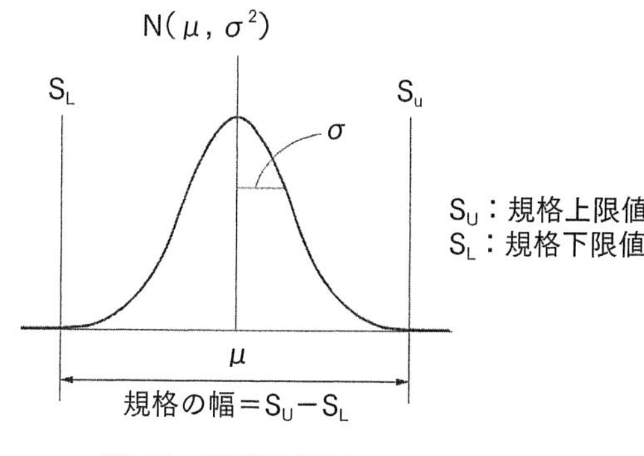

図2.19　工程能力指数Cp

この式からわかるように，工程能力指数は規格の幅を6σで割った値になる。つまり，規格の幅がちょうど6σの場合にCp＝1となる

それでは，Cp＝1の時には，どのくらいの不良率が予測されるだろうか。平均値μが規格の中心にあると仮定すると，$S_u=\mu+3\sigma$となる。不良率を推定するために，規準化する。正規分布の規準化の式，

$$K\varepsilon=\frac{(x-\mu)}{\sigma}$$

のxにS_uを代入する。

$$K\varepsilon=\frac{x-\mu}{\sigma}=\frac{\mu+3\sigma-\mu}{\sigma}=3$$

$K\varepsilon=3$　⇒正規分布表（p.41）から求めた推定不良率＝0.135％（S_u側）

S_L側も同じ不良率なので，全体では2倍の0.27％が，Cp＝1の場合の推定不良率となる（**図2.20**）。

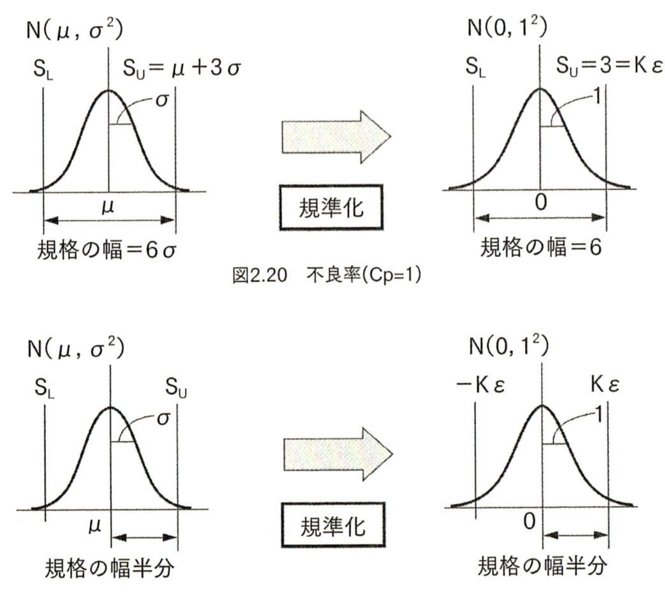

図2.20　不良率(Cp=1)

図2.21　不良率(Cp≠1)

Cp＝1以外でも同様の方法で，不良率の推定ができる（**図2.21**）。Cp＝1（規格の幅がちょうど6σ）の時に，Kε＝3になることを前項で説明した。つまり，Cpを3倍した値がKεであるということになるため，これで不良率を推定する。たとえば，Cp＝0.8の場合，Kεは0.8×3＝2.4となる。これは，上限規格値が，σの2.4倍の位置にあるということを示す。

表2.3（p.41）の正規分布表の中からKε＝2.40の位置を見ると，ε＝0.008198であることがわかる。これは，**片側規格の不良率**なので，全体ではεを2倍した値（＝0.016396）となり，不良率は1.64％となる。

表2.4のように工程能力指数を評価することで，工程能力が十分か，あるいは不足しているかを判断することができる。一般的に，Cp＝1を境界とし，それを下回ると対応策が必要になる。対応策としては，①工程の見直し（ばらつきの低減），②規格の再検討（公差を広げる），③選別などが挙げられる。

最近の現場でよく耳にする悩みが,「同じ製品の部品同士で,非常に厳しい公差を設定しているため全数検査・分類が必要な部品がある一方,公差の余裕があり余っている部品もある,何とかならないか」という声だ。後者の余裕があらかじめ予測できれば,その余裕を厳しい公差の部品に分ければトータルとしてバランスある設計となる。ただし,量産に入ってからでは,こうした規格の再検討は非常に困難となる。いかに,設計段階で公差値を適正に作りこむかが設計者に求められる重要な要素となる。

表2.4　工程能力指数判断基準

等級	工程能力指数 (推定不良率)	規格と分布 の状況	判断基準
4級	Cp<0.67 (4.55%以上)	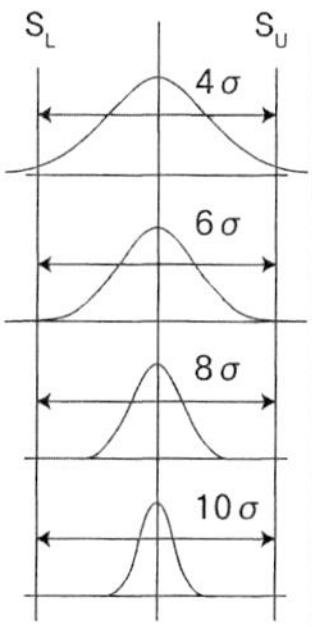 S_L　S_U	工程能力はかなり 不足している
3級	0.67≦Cp<1.0 (4.55%～0.27%)	4σ	工程能力は不足している
2級	1.0≦Cp<1.33 (0.27%～60ppm)	6σ	量産工程の最低限の水準
1級	1.33≦Cp<1.67 (60ppm～0.6ppm)	8σ	工程能力は十分ある
特級	1.67≦Cp (0.6ppm以上)	10σ	管理の簡素化を 考えてもよい

※ppm：Parts Per Millionの略で,100万分のいくらかを表す単位
例）60ppmは0.006%

20. 不良率計算のための予備知識⑤
—工程能力指数（Cpk）の算出

Cpは平均値が規格の中心にある場合の工程能力指数を表すが，実際には平均値が規格中心から上下どちらかに寄っている場合がほとんどである。その場合には，Cpで推定した不良率よりも実際の不良率は大きくなる。

従って，規格片側の幅が小さい方を用いて，工程能力指数を計算する（図2.22）。この場合には，Cpkという記号を使い，次式のように計算する。

$$Cpk = \frac{S_u - \mu}{3 \times \sigma} \text{または} \frac{\mu - S_L}{3 \times \sigma}$$

計算は，平均値から規格片側までの幅が小さい方を3σで割った値とする。

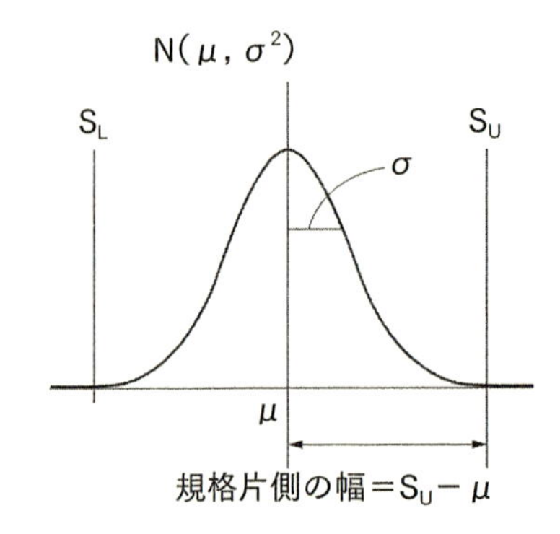

図2.22　工程能力指数Cpk

21. 不良率計算のための予備知識⑥ ―CpとCpkの使い分け

実際に計算するとわかるが，CpとCpkの数値を比べると必ずCpk≦Cpとなる。それでは，CpとCpkはどのように使い分けるのか。Cpは，平均値がどの位置にあっても同じ値になる。一般的に，工程の平均値を調整するのは比較的容易なため，もし平均値を規格の中心へ調整したなら，この程度まで工程能力が向上するという目安になる。一方Cpkは，平均値が規格中心から離れるに従って，値が小さくなる。前述のとおり，Cpkは悪い方の片側だけで計算するため，値から推定すると，実際より不良率が高くなるが，その方が安全サイドで判断できる。

両側規格の場合には，CpとCpkの両方を計算して比較するのが良いだろう。CpとCpkがほぼ同じ値になり，いずれも工程能力は十分であれば，この工程は問題ない（図2.23（a））。

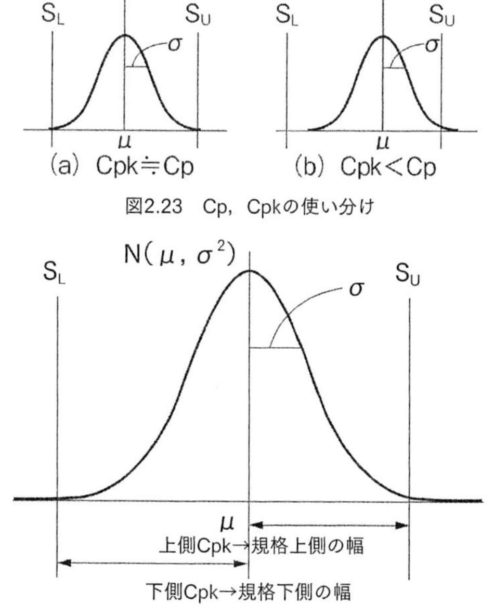

図2.23　Cp，Cpkの使い分け

図2.24　平均値が規格中心から大きく離れている場合

一方Cpの値は工程能力が十分と判定されてもCpkが不十分であれば，分布の中心が規格の中心から大きく離れていると考えられる（図2.23(b))。その場合には，分布の中心を規格中心へ移動させる是正が必要となる。

Cpkで推定した不良率は実際よりも高めになるが，平均値が規格中心に近い場合には，あまり気にする必要はないと言える。

しかし，平均値が規格中心から大きく離れている場合には，上側と下側の両方の不良率を計算して合計した方が，実際の不良率に近い値が得られる。例えば，部品の分布が$N(2.6, 0.15^2)$，規格が2.5 ± 0.5（$S_u = 3.0, S_L = 2.0$）のとき，この部品の推定不良率を求めると以下の通りとなる（図2.24)。

まず，上限規格値の外側となる確率は，

$$\mathrm{Cpk} = \frac{S_u - \mu}{3\sigma} = \frac{3.0 - 2.6}{3 \times 0.15}$$

$$= 0.89$$

$$K\varepsilon = 0.89 \times 3 = 2.67$$

正規分布表から$\varepsilon = 0.003793$となり，推定不良率は0.38％となる。一方，下限規格値の外側となる確率は，

$$\mathrm{Cpk} = \frac{\mu - S_L}{3\sigma} = \frac{2.6 - 2.0}{3 \times 0.15}$$

$$= 1.33$$

$$K\varepsilon = 1.33 \times 3 = 3.99$$

となる。正規分布表から$\varepsilon = 0.0000331$となり，推定不良率は0.0033％となる。

これらから，全体の不良率は0.38＋0.0033＝0.3833％と推定できる。

22. 不良率計算のための予備知識⑦
―片側規格の場合の工程能力指数

片側規格の場合には，工程能力指数の計算式は下記のようになる（片側規格の場合はCpkとして扱う）（図2.25）。

上側規格だけの場合　$Cpk = \dfrac{S_U - \mu}{3\sigma}$

下側規格だけの場合　$Cpk = \dfrac{\mu - S_L}{3\sigma}$

設計者は工程能力指数を知れば，自分の設定した公差が厳しかったのか緩かったのかを判断できる。その結果を受けて，現状の公差を変更できるものならば変更すべきだ。量産に入ってからの設計変更は他の部品との関係など十分に配慮する必要があるため難しい場合も多いが，少なくとも次の製品の設計に活かすことが大切である。

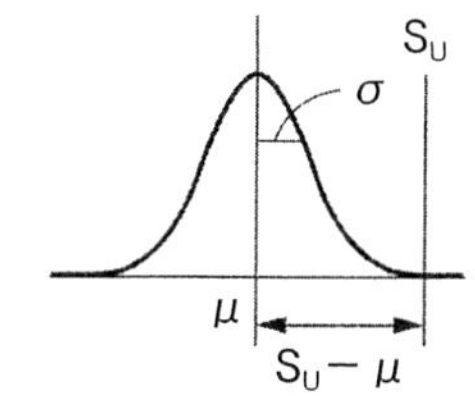

(a)上側規格だけの場合

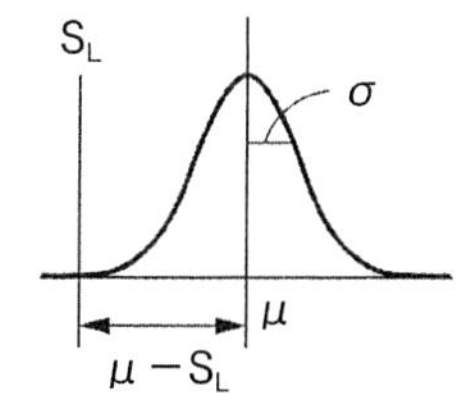

(b)下側規格だけの場合

図2.25　片側規格の場合

第3章

ケーススタディでわかる公差設計の勘どころ

　これまで，公差設計およびその図面への表記・表現である，幾何公差スキルの意義を述べると同時に，公差を取り入れた設計の全体像を説明してきた。
　本章では，機械装置の事例をもとに，ケーススタディを行い，これまで説明してきたGD&Tを体感していただきたい。

23. ケーススタディの概要―機械装置の公差設計の流れ

図面は，加工現場に設計の意図を正しく伝えるためのツールであり，公差はその内容である。設計と製造が離れ離れとなるグローバルなものづくりを実践すればするほど，作り手側に正しい情報が伝えられるか否かが重要になってくる。そのため，基本中の基本である公差設計を学び直すことが急務となる。一方，公差の質を高めるためには，正しく計算された公差をきちんと図面に反映させ，さらに実際にできあがったものの測定と評価を通じて，次の設計に反映させていく，（公差設計の全体の）PDCAの実践が不可欠となる。

公差設計を実施する上では，身に付けておくべき知識は幅広い。漫然と解説書で学習していくよりも，百聞は一見にしかず，事例でポイントを掴んでいくのが手っ取り早い。本章では，公差の設定から解決策までその手順を踏まえて，各段階で身に付けておくべきポイントをケーススタディ（機械装置の事例）をもとに紹介していきたい。

なお，本ケーススタディは，ローランドディー．ジー．の杉山裕一氏が2004年に作成したものであり，公差設計のプロセスとして非常に優れた流れを演出している。後述する設問に基づき3つのステップで公差設計への理解を確認できる。

Step.1では現状図面の公差計算を間違いなく出来ることが重要であり，本ケーススタディでは公差計算が破綻していることが確認できる。実はたいていの設計現場で正しく公差計算を行うと破綻している事が多い。

Step.2ではその改善案を考えるわけであるが，従来構造の延長線上で何とかしようとすると，無理のある設計（現場に負担をかける）になってしまうケースが多い。本ケーススタディもそのことが確認できる。

Step.3では構造変更まで考えることで，設計もしやすく，かつ現場でも作りやすい，という設計が実現できる（品質向上とコストダウンの両立）。そのことを体感してほしい。

24. 機械装置の公差設計の準備①—部品構成と公差要因

(1) 機械装置の構成と寸法

読者諸氏は，図3.1に示す機械装置（ケーススタディ用に簡略化した図を用いている）を設計する場合，どのように公差を決めていくだろうか。本ケーススタディは，ガタ・レバー比（p.82で説明）に入る前の基礎知識ベースを理解しているかどうか確認するのに通したものである。なお，機械装置のパーツ構成は，ベース，板，フランジブッシュ，シャフト，Eリング，となっている。

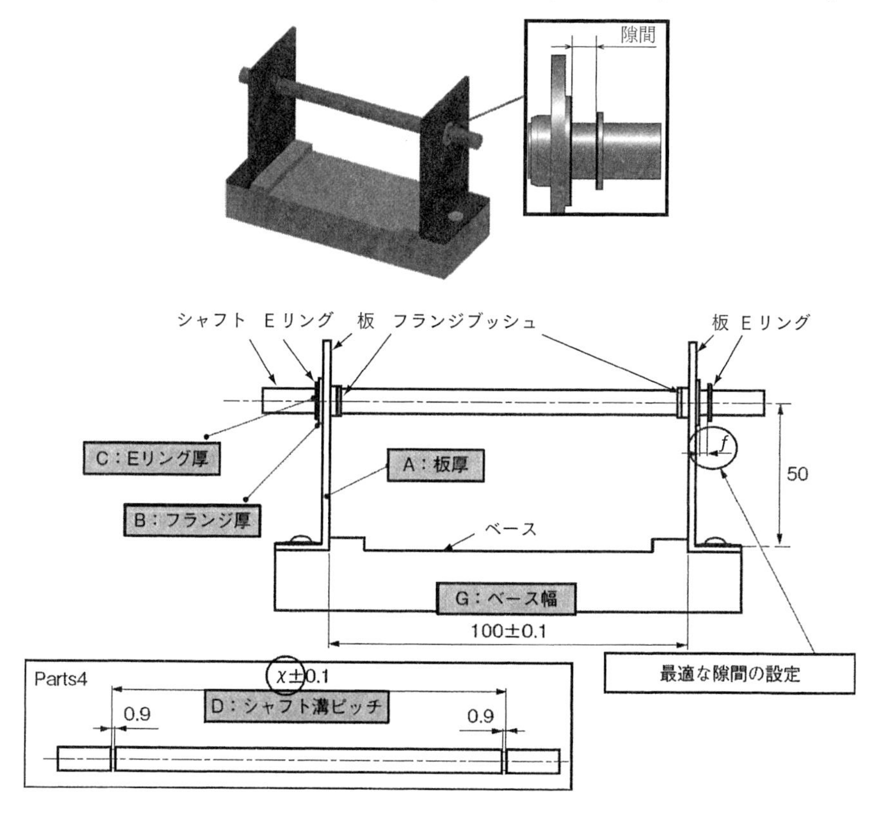

図3.1　機械装置の外観とパーツ構成

（2）機械装置の公差要因

隙間 f の公差計算に必要な要因としては，次のものが上げられる（ただし，A，B，Cは，両側に配置されているので要注意）。

A．板厚　　B．フランジ厚　　C．Eリング厚

D．シャフト溝ピッチ　　G．ベース幅

図3.2は，各パーツの3次元データであり，A～Gまでの寸法箇所を示している。このうちＧ，Ｄのパーツの公差については，社内規定により，あらかじ

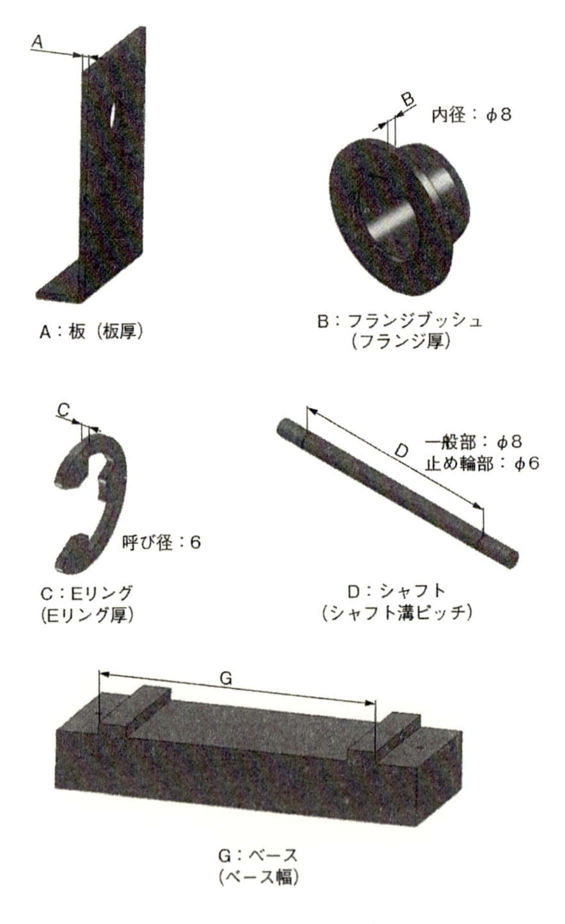

図3.2　機械装置に用いる部品の3Dデータ

め以下のように決めているとする。

G＝100±0.1

D＝χ（まだ未定）±0.1

実は，忘れてはならない要因がある。板の直角曲げの公差である。板の直角曲げの公差は，やはり社内規定から，普通公差で±1°，量産の限界値は±0.5°としている。さあ，これまでの情報を整理してみると図3.3のようになる。

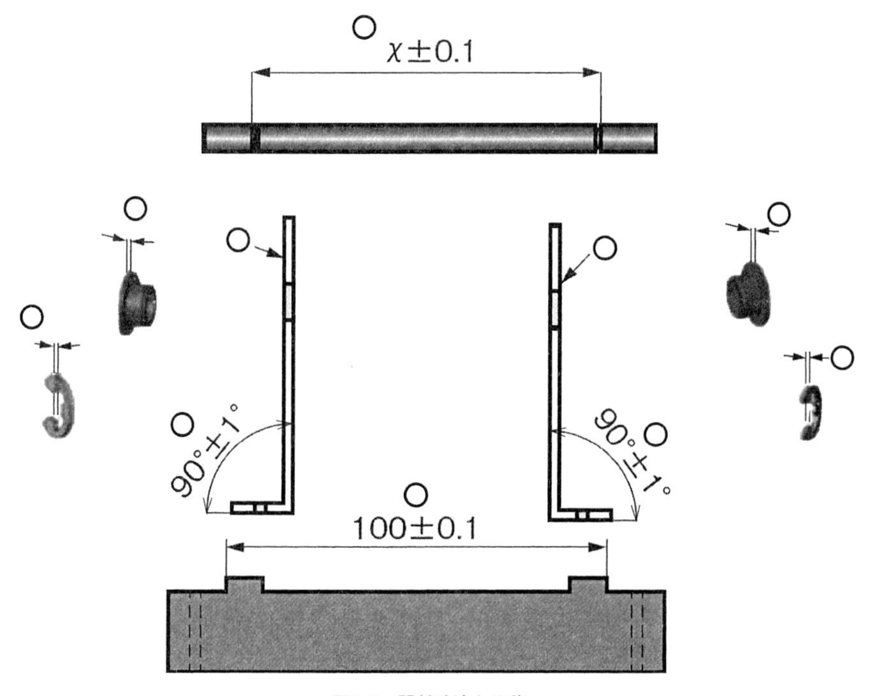

図3.3　関係寸法と公差

25. 機械装置の公差設計の準備② ― 公差情報の収集

ここまできても，まだ情報が不足している。次の部品の公差情報である。

A. 板厚　　B. フランジ厚　　C. Eリング厚

板，Eリングについては規格品を使用するためJISから，またフランジブッシュは購入品としてWebカタログから調べる。初級者にとっては，こうした情報をきちんと収集できることも重要なので，以下，具体的な調査方法と併せて紹介したい。

(1) A. 板厚

板は，やはり社内規定から「冷間圧延鋼板 t ＝ 2」を用いることとしている。

JISは，以下のように，日本工業標準調査会のデータベース検索にて閲覧することができる。

①Web 上の検索エンジンにて「JIS」を入力
②日本工業標準調査会データベース検索―JIS 検索をクリック
③キーワードとして「冷間圧延鋼板及び鋼帯」を入力し，一覧表示をクリック
④「JIS G 3141　冷間圧延鋼板及び鋼帯」が表示されるまで，「次の 20 件へ」をクリック
⑤規格の閲覧をクリック
⑥ページを開くと次の表 3.1 が出てくる

表中から，一番精度の高いものを採用することとし，寸法および公差値は，2±0.12となる。

表3.1　冷間圧延鋼板及び鋼帯の規格の詳細（JIS G 3141 : 2011）単位　mm

厚さ	幅				
	630未満	630以上 1000未満	1000以上 1250未満	1250以上 1600未満	1600以上
0.25	±0.03	±0.03	±0.03	―	―
0.25以上0.40未満	±0.04	±0.04	±0.04	―	―
0.40以上0.60未満	±0.05	±0.05	±0.05	±0.06	―
0.60以上0.80未満	±0.06	±0.06	±0.06	±0.06	±0.07
0.80以上1.00未満	±0.06	±0.06	±0.07	±0.08	±0.09
1.00以上1.25未満	±0.07	±0.07	±0.08	±0.09	±0.11
1.25以上1.60未満	±0.08	±0.09	±0.10	±0.11	±0.13

1.60以上2.00未満	±0.10	±0.11	±0.12	±0.13	±0.15
2.00以上2.50未満	±0.12	±0.13	±0.14	±0.15	±0.17
2.50以上3.15未満	±0.14	±0.15	±0.16	±0.17	±0.20
3.15以上	±0.16	±0.17	±0.19	±0.20	—

（2）B. フランジ厚

次に購入品であるBのフランジブッシュをメーカーのWebサイトから調査する。なお，今回はオイレス工業サイトを利用する。

①Web上の検索エンジンにて「オイレス＃80フランジブッシュ」を入力
②オイレス＃80フランジブッシュ（80F)」をクリック
③ページ中ほどの「カタログ」をクリック。次の表3.2が閲覧できる

この中から，フランジブッシュは，「内径ϕ8」のものを使用することとし，その場合のフランジtの寸法および公差値は，$1^{\ 0}_{-0.1}$となる。

表3.2　Webサイトによる購入品の確認

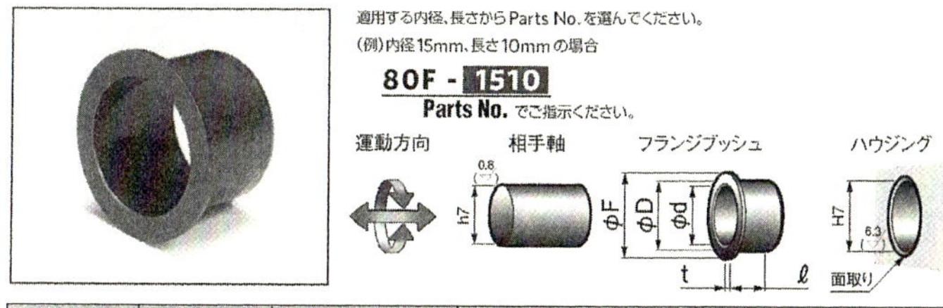

内径		外径		フランジ			長さℓ　公差$^{\ 0}_{-0.3}$							
φd	公差	φD	公差	φF	t	公差	2	3	4	5	6	7	8	10
2	+0.008 +0.015	4	+0.107 +0.032	6	1	0 -0.10	0202	0203	0204					
3	+0.080 +0.030	5	+0.107 +0.032	8	1	0 -0.10		0303	0304	0305	0306			
4	+0.095 +0.045	6	+0.107 +0.032	9	1	0 -0.10		0403	0404	0405	0406			
5	+0.095 +0.045	7	+0.157 +0.045	10	1	0 -0.10		0503	0504	0505	0506	0507		
6	+0.096 +0.045	8	+0.157 +0.045	12	1	0 -0.10		0603		0605	0606		0608	0610
7	+0.095 +0.045	9	+0.157 +0.045	13	1	0 -0.10		0703		0705		0707		0710
8	+0.120 +0.060	10	+0.157 +0.045	15	1	0 -0.10		0803		0805	0806		0808	0810
9	+0.120 +0.060	11	+0.193 +0.058	16	1	0 -0.10		0903		0905	0906			0910
10	+0.120 +0.060	12	+0.193 +0.038	18	1	0 -0.10		1003		1005	1006		1008	1010

（3）C. Eリング厚

A. 板厚と同様に，JISを調査する。

①Web 上の検索エンジンにて「JIS」を入力
②日本工業標準調査会データベース検索—JIS 検索をクリック
③キーワードとして「止め輪」を入力し，一覧表示をクリック
④JIS B 2804「止め輪」をクリック
⑤規格の閲覧と書いてある pdf にて表 3.3 を閲覧できる。

表3.3　E形止め輪の規格の詳細（JIS B 2804 : 2010）

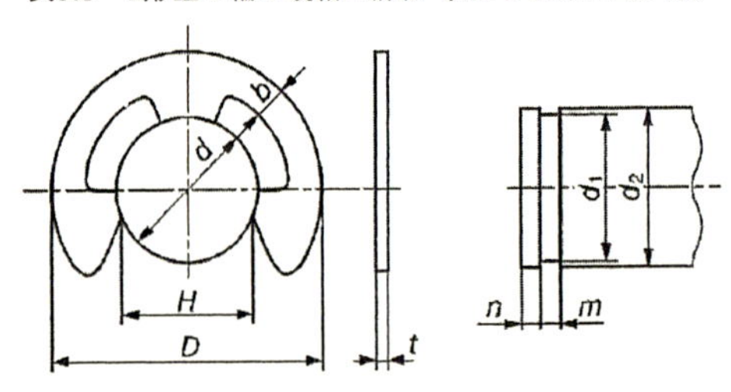

呼び	止め輪									適用する軸（参考）						
	d		D		H		t		b	d_1の区分		d_2		m		n
	基準寸法	許容差	基準寸法	許容差	基準寸法	許容差	基準寸法	許容差	約	を超え	以下	基準寸法	許容差	基準寸法	許容差	最小
0.8	0.8	0 −0.08	2	±0.1	0.7	0 −0.25	0.2	±0.02	0.3	1.0	1.4	0.82	+0.05 0	0.30	+0.05 0	0.4
1.2	1.2	0 −0.09	3		1.0		0.3	± 0.025	0.4	1.4	2.0	1.23	+0.06 0	0.40		0.6
1.5	1.5		4	±0.2	1.3		0.4	±0.03	0.6	2.0	2.5	1.53		0.50		0.8
2	2.0		5		1.7				0.7	2.5	3.2	2.05				1.0
1.2	2.5		6		2.1				0.8	3.2	4.0	2.55				
3	3.0		7		2.6		0.6	±0.04	0.9	4.0	5.0	3.05		0.70	+0.10 0	
4	4.0	0 −0.12	9		3.5	0 −0.30			1.1	5.0	7.0	4.05	+ 0.075 0			1.2
5	5.0		11		4.3				1.2	6.0	8.0	5.05				
6	6.0		12		5.2		0.8		1.4	7.0	9.0	6.05		0.90		
7	7.0	0 −0.15	14		6.1	0 −0.35			1.6	8.0	11.0	7.10	+0.09 0			1.5
8	8.0		16		6.9				1.8	9.0	12.0	8.10				1.8
9	9.0		18		7.8				2.0	10.0	14.0	9.10				2.0
10	10.0		20	±0.3	8.7		1.0	±0.05	2.2	11.0	15.0	10.15		1.15	+0.14	
12	12.0	0 −0.18	23		10.4	0 −0.45			2.4	13.0	18.0	12.15	+0.11 0			2.5
15	15.0		29		13.0		1.5[a]	±0.06	2.8	16.0	24.0	15.15		1.65[a]		3.0
19	19.0	0 −0.21	37		16.5				4.0	20.0	31.0	19.15	+0.13 0			3.5
24	24.0		44		20.8	0 −0.50	2.0	±0.07	5.0	25.0	38.0	24.15		2.20		4.0

注記　適用する軸の寸法は，推奨する寸法を参考として示したものである。
注[a]　厚さの基準寸法1.5は，受渡当事者間の協定によって1.6としてもよい。ただし，この場合mは，1.75とする。

この中からEリングは，社内標準として「呼び径6」のものを使用することとし，その場合の寸法および公差は，0.8±0.04となる。

ここまでで, A, B, Cの各パーツの寸法および公差が決定したこととなる（以下の通り）。

A. 板厚：2±0.12

B. フランジ厚：$1_{-0.1}^{\ 0}$

C. Eリング厚：0.8±0.04

これまでの情報を全て整理すると，図3.4の通りとなる。

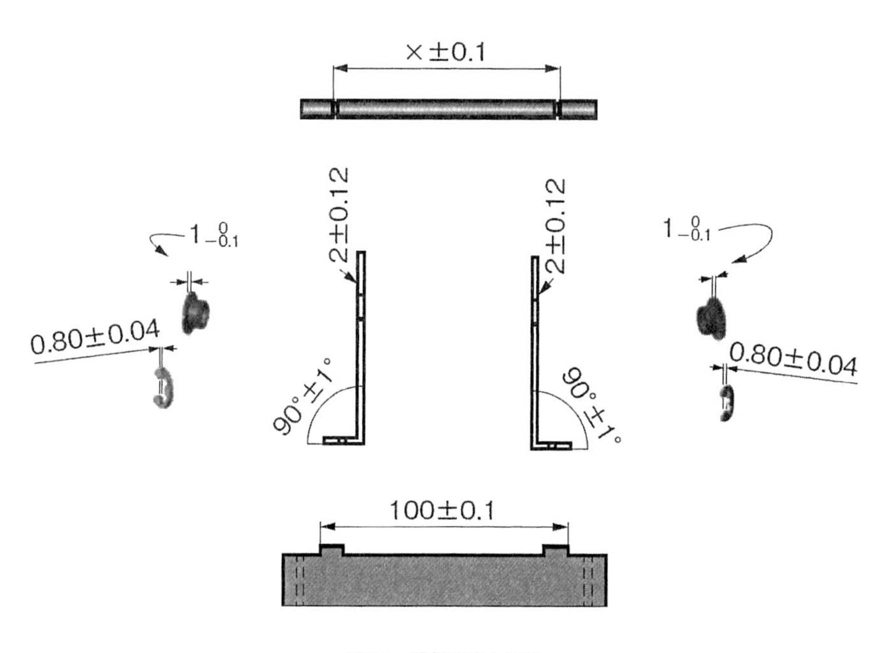

図3.4　関係寸法と公差

26. 機械装置の公差設計①
—Step.1　現状図面の公差計算（その1）

さあ，これで全ての情報収集が完了した。まずは，機械装置の現状図面での公差計算をやってみよう。

この設計は√計算で行うこととする（√計算の仕方は，p.28を参照されたい）。ケーススタディの設問は次の通りである。

①この装置の隙間 f は，（公差を考慮して）最大 1 mmに納めることは可能か？

②その場合の D（シャフトの溝ピッチ）の x 寸法は，いくつにすれば良いか？

ここで再度，隙間 f の場所を確認しておこう。図3.5は，f 部の拡大図である。なお，計算結果を一致させる目的で，高さ50の位置での公差計算を前提とする。計算が完了した人は，p.70の公差計算結果とp.71不良率計算結果と一致しているか確認してほしい。

実は，このケーススタディでは，次のステップでの取り組みとなる。

Step.1：現状図面の公差計算

Step.2：改良案（公差値のみ）

Step.3：改良案（構造変更）

計算結果が正解の場合，Step.1では公差計算が破綻していて，このままの設計で量産に移行すると，ある確率で不良品が出来上がることになる。そこで，Step.2およびStep.3では，それを改善していくというストーリーとなる。Step.1が正解だった人は，Step.2（p.72 ～）およびStep.3（p.75 ～）に進んでほしい。

ここからは，Step.1の計算ができなかった人のために，1つ1つ手順を踏んで，解決に向けた説明をしていく。

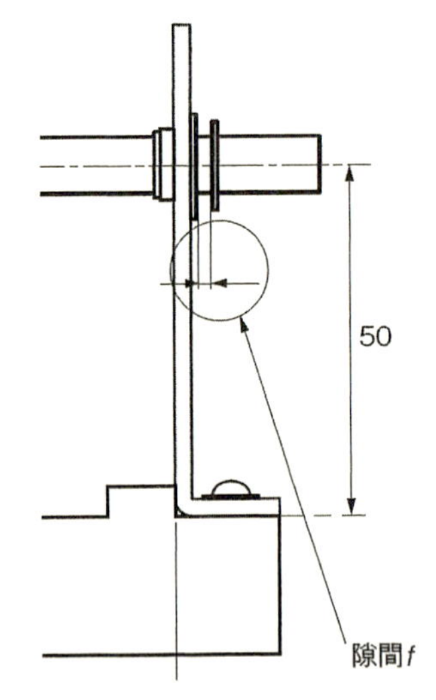

図3.5　軸方向の隙間fの公差計算（高さ50の位置で）

手順1　設計目標値の確認

この事例では，図3.1に示す「隙間 f の管理」がたいへん重要になってくる。この隙間が1mm以上になってしまうと，この装置は正常に動作しなくなってしまう。もちろん，干渉すれば組み立てられない。つまり，広すぎても，狭すぎても装置が機能しなくなる。おそらく，読者が普段設計している製品の中にも，必ずこのような管理が必要な要注意個所があるはずだ。

近年では，3次元CADが普通に使われるようになったが，3次元CADでは，設計者が狙った寸法の通りにモデルが作れる。たとえば，隙間が「0（ゼロ）」になる寸法を設定すれば，その通りにモデルができあがる。しかし実際のものづくりでは，安定した工程で加工され，組み立てられた製品であっても，狙った寸法（呼び寸法）を中心として，上下にばらつくことになる。つまり，隙間0で設計された製品であっても，実際に製作すると，各部品寸法にばらつきが生じ，組立て時に隙間ができるものや，干渉して組み立てられないものがでてくる。そのため，公差設計では，隙間 f を設計目標値として確保するように各部品寸法を設定し，さらに公差を割り振ることになる。もちろん，その際に製造側にとって厳しすぎる公差であれば，総合的な視点で寸法と公差のバランスをとっていくことになる。

図面には，さまざまな寸法や公差が設定されている。その時，「寸法」は適切に設定されているか，「公差」はどのように決められているか，を考えてみてほしい。

これら図面に記載する寸法や公差は，「設計目標値」を元に設計者が計算をして求めるべきものである。つまり，まず，設計目標値が明確になっていなければ，本来，寸法も公差も決まってこないということだ。それでは，この製品の目標値はどのように設定すべきだろうか。隙間 f が満たさなければいけない要件は次の通りであった。

・隙間 f が 1 mm以上になってはいけない。

・干渉することも許されない。

隙間 f は 0 ～ 1 mmの範囲ということであるため，公差計算上，$f = 0.5 \pm$

0.5に収まるかどうかを目標として計算していくこととする。

実は，本ケーススタディは目標値を考えさせることに1つの意義がある。信じられないかもしれないが，この目標値が解らずに（考えずに）設計をしている設計者が相当多いのも事実である。

設計目標値が決まったら，公差計算を行うこととなる。公差計算を実際に行う際には，図3.6のような公差計算書を用いて計算されることが多い。ここでは，公差計算書に記載される項目について，順を追って説明していく。

まず最初に，ポイント欄に設計目標値を記入する。

設計目標値

公差計算書　製品名　ポイント：fのスキマ最大1mm（f=0.5±0.5）

氏名　年月日

No.	項　目	寸法と公差	中心寸法と公差		係数	実効値		実効値
				±		±		

説明図：

計算式：

設計の考え方：

計算結果　Σ計算　±　±

√計算　±　±

図3.6　公差計算書（設計目標値の記入）

手順2　説明図の作成

次に，左上部へ説明図（マンガのような略図が良い）を描く。公差計算書の説明図を描く際のポイントは，今回計算したい隙間 f がひと目でわかるように強調表示したり，隙間 f に関係してくる寸法には記号を付けておくことである。

1つの製品を設計する場合，管理すべき項目は多岐に渡り，改良案を含めれば，相当数の公差計算書ができあがる。そんなときに，この説明図を見たら，どの部分のどんな構造の公差計算をしているのかがひと目でわかるようにしておくことが肝要である（図3.7）。

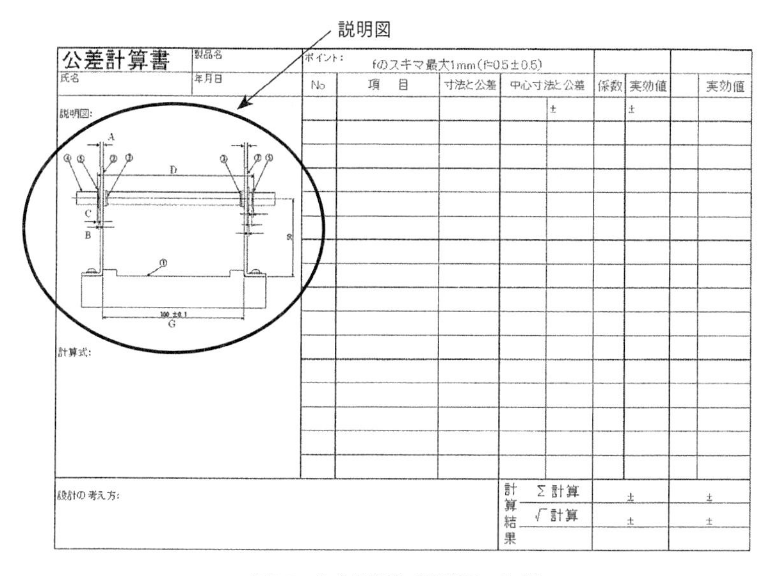

図3.7　公差計算書（説明図の作成）

手順3　計算式の記載

説明図を描いたら，それを元に，fの隙間を求めるための計算式を記載する（図3.8）。計算式は次の通りとなる。

$$f = \mathrm{D} - 2\ (\mathrm{A} + \mathrm{B} + \mathrm{C}) - \mathrm{G} = 0.5$$

この計算式に出てくる記号こそが，隙間fに関係してくる寸法ということになる。つまり，公差計算に含めるべき要因が割り出せるということである。ただし，この計算式に出てくる要因だけではないというケースが多いので，注意が必要である（このことについては，後述する）。

次のステップでは，この計算式に出てきた記号A，B，C，D，Gの寸法と公差を確認していく。

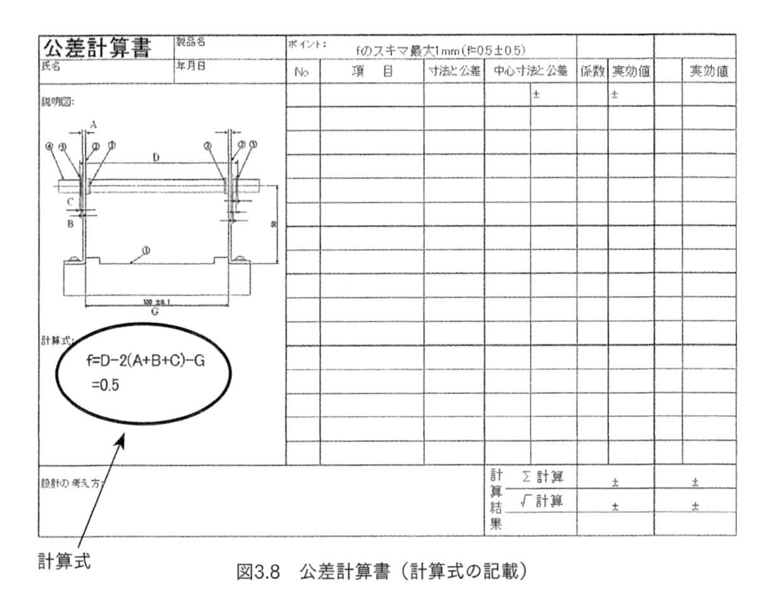

公差計算書　製品名

氏名　年月日

ポイント：fのスキマ最大1mm（f=0.5±0.5）

No	項　目	寸法と公差	中心寸法と公差		係数	実効値		実効値
				±		±		

説明図：

計算式：

f=D−2(A+B+C)−G
=0.5

設計の考え方：

計算結果	Σ計算	±	±
	√計算	±	±

計算式

図3.8　公差計算書（計算式の記載）

27. 機械装置の公差設計②
—Step.1　現状図面の公差計算（その2）

手順4　寸法および公差の記載

次に，公差の一覧表を作成する。

これまでに明確になっている寸法と公差は次の通りである。

A. 板厚：2 ± 0.12

B. フランジ厚：$1^{\ 0}_{-0.1}$

C. Eリング厚：0.8 ± 0.04

D. シャフト溝ピッチ：X（未定）± 0.1

G. ベース幅：100 ± 0.1

この中で1点，B：$1^{\ 0}_{-0.1}$ の寸法および公差は，公差計算上は，中心寸法と公差に直して，0.95±0.05とする。当然，3次元CADで「1.0」とモデリングしたとして，そのままのデータで製造すれば，1.0を中心として上下にばらついた部品が出来上がることになる。設計者が片側公差を用いて設計したとしても，現場では誰かが中心寸法に変換してくれているはずである。特に現代では，非常に厳しい公差を設定するケースが多いから，当然中心寸法を狙ったものづくりになる。片側公差のある要因は，中心寸法と公差に変換して公差計算を行っているという設計者が多いのは，そういう理由からである。

ここで，Dのシャフト溝ピッチを決める。ここまでで，A，B，C，Gの4つの寸法および公差を決定してきた。また，隙間 f の寸法は，0.5 にしたい（設計目標値）ため，Dはおのずと決まることになる。計算式は次の通りである。

$$f = D - 2(A + B + C) - G = 0.5$$

これをDを表す式に置き換える。

$$D = 0.5 + 2(A + B + C) + G$$

この式に，各値を代入すると，

$$D = 0.5 + 2(2 + 0.95 + 0.8) + 100 = 108$$

Dの寸法は108となる。

これで，fを表す計算式に入ってくるA，B，C，D，Gの全ての寸法および公差が決まった。しかし，忘れてはいけないのが，計算式に入っていない要因が影響を与える場合もあることだ。それが，板の角度公差である。

板の直角曲げの公差は，社内規定から，普通公差で±1°としていた。ここで考えなければならないのが，この90°±1°の角度公差が隙間f（高さ50の位置）に与える影響である。**図3.9**にそれを計算するための図を示す。

図3.9の矢印の大きさを計算するための計算式が次の通りとなる。

$$50 \times \tan 1° = 0.87$$ （※1，※2）

※1　厳密に言うと，高さ50の位置が左右に回転しながら（円弧のように）振れるので若干の誤差は出るが上式で近似できる。
※2　フランジ面の上側あるいは下側で計算すれば結果に違いが出てくるが，本ケーススタディでは，結果を合わせるために高さ「50」の位置で計算している。

板の角度公差が90°±1°は，fの隙間のx成分に直すと，±0.87だけ振れるということとなる。この要因を，記号AAとする。

これにより，fの隙間に影響してくる公差要因を全て割り出すことができた。

それでは，全ての要因を記載してみる。要因A，B，Cは，計算式の中では1つにまとめられているが，実際には2部品ずつあるため，2つずつ忘れずに記載することが重要である。

A：2 ± 0.12
B：$1^{\ 0}_{-0.1}$　→　0.95 ± 0.05
C：0.8 ± 0.04
D：108 ± 0.1
G：100 ± 0.1
A′：2 ± 0.12
B′：$1^{\ 0}_{-0.1}$　→　0.95 ± 0.05
C′：0.8 ± 0.04
AA：$90° \pm 1°$　→　0 ± 0.87
AA′：$90° \pm 1°$　→　0 ± 0.87

公差要因の抽出では，まずはfを求めるための計算式を作ることが重要であった。そしてさらに，今回の角度公差のような計算式に入ってこない要因もあるので「落とすことなく全ての要因を割り出す」ことが公差計算においては最も重要となる。上記の全ての要因を，公差の一覧表に記載していく。

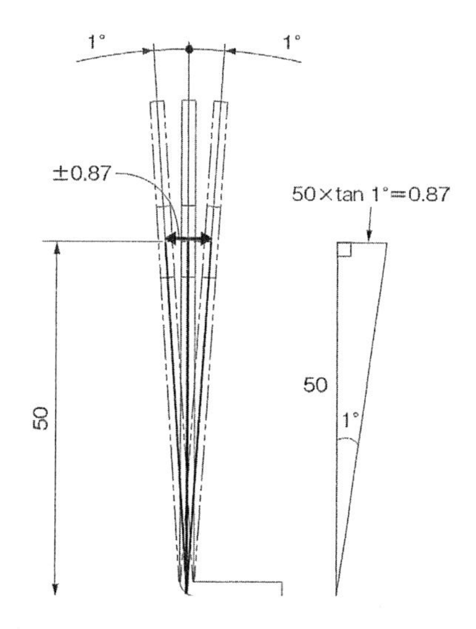

図3.9　角度公差が隙間fに与える影響

手順5　現状の公差計算を実施する

手順4においては，公差の設定方法と公差要因の抽出について紹介してきた。全ての公差要因が割り出せたら，次に行うのが公差計算となる。ここでは，現状で設定した寸法および公差を使用して，公差計算方法を説明する。

第2章で紹介した，互換性の方法（Σ計算）と不完全互換性の方法（√計算）を用いて，現状の公差計算を行うと，次の通りとなる。

Σ計算

$$0.12+0.05+0.04+0.1+0.1+0.12+0.05+0.04+0.87+0.87=2.36$$

√計算

$$\sqrt{0.12^2+0.05^2+0.04^2+0.1^2+0.1^2+0.12^2+0.05^2+0.04^2+0.87^2+0.87^2}$$

$$=1.25$$

これで，現状の公差計算が完了となる。現状では，次のようになっていることがわかった。

Σ計算：0.5±2.36

√計算：0.5±1.25

本ケーススタディでは，√計算で設計することを前提としていた。結果としては，max.1.75となって，最大1mmの目標値は達成不可能である。

今回の場合，計算式に入ってこない角度公差が非常にポイントであった。このような要因を漏らさないようにすることが重要だ。また，この角度公差のように，三角関数がかかる要因は，思っていたよりも影響度が大きく作用する場合があるため，注意が必要である。

ここまでの計算で，公差計算書は図3.10の通りとなる。

公差計算書　製品名

氏名　年月日

説明図:

計算式:

f=D−2*(A+B+C)−G

=0.5

設計の考え方:

ポイント: fのスキマ最大1mm (f=0.5±0.5)					Σ計算		√計算	
No.	項　目	寸法と公差	中心寸法と公差		係数	実効値		実効値
A	板厚	2±0.12	2	±0.12	1	±0.12		0.0144
B	フランジ厚	1 $^{0}_{-0.1}$	0.95	±0.05	1	±0.05		0.0025
C	Eリング厚	0.8±0.04	0.8	±0.04	1	±0.04		0.0016
D	シャフト溝ピッチ	108±0.1	108	±0.1	1	±0.1		0.01
G	ベース厚	100±0.1	100	±0.1	1	±0.1		0.01
A'	板厚	2±0.12	2	±0.12	1	±0.12		0.0144
B'	フランジ厚	1 $^{0}_{-0.1}$	0.95	±0.05	1	±0.05		0.0025
C'	Eリング厚	0.8±0.04	0.8	±0.04	1	±0.04		0.0016
AA	板の曲げ角度	±1°	50*tan1°			±0.87		0.7569
AA'	板の曲げ角度	±1°	50*tan1°			±0.87		0.7569
計算結果			Σ計算		0.5±2.36		±	
			√計算		0.5±1.25		±	

図3.10　公差計算書（現状の公差計算）

手順6　不良率の計算

前述したとおり，√計算は，ばらつきとその扱いからくる統計理論をベースとした計算方法である。つまり，ある確率で不良が発生するということである。ここでは，今回の結果から，不良率（たとえば，100台作った場合に不良になる確率）を計算してみる。不良率の算出方法は，第2章を参照されたい。

今回の目標値が0.5±0.5に対して，√計算結果は，0.5±1.25であった。これを正規分布図で表してみよう（図3.11）。ここではCp＝1を前提としている。

今回の公差計算結果から得られた正規分布は，N（0.5,0.417^2）という分布である。この分布の上に，±0.5という規格値を線で示した。この規格値から外側に出る確率を求めることになる。まず，Kεを求めると，

$$K\varepsilon=\frac{x-\mu}{\sigma}=\frac{1-0.5}{0.417}=1.20$$

となる。正規分布表からKε＝1.20の値を見ると，0.11507となっている。これは片側の不良率のため，0.11507を2倍した値（＝0.230）を％表記にした値23％が，現状図面の公差計算における不良率である。つまり，この製品を仮に100台，この設計図面通りに全ての部品を製作して組立をした場合，23台が規格外品（つまり不良品）となることを示している。当然，1000台製作なら230台が不良品となる。

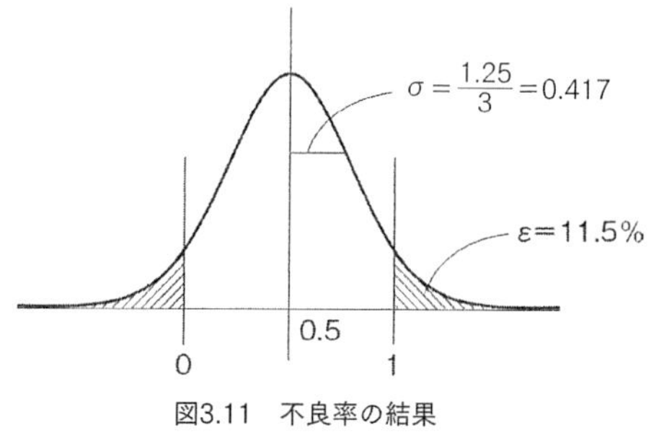

図3.11　不良率の結果

28. 機械装置の公差設計③—Step.2　公差値のみの改良案検討

現状，目標値が0.5±0.5というのに対し，0.5±1.25である。目標値0.5±0.5を実現するための方法として，Step.2では，公差値のみの変更で実現することを検討してみる。なお，以降は全て√計算を論じる。

まずは読者自身で計算をしてみてほしい。どの公差値をどのように変更すれば良いか？　複数ある公差要因の中からどの公差に着目すれば良いだろうか。

今回の計算では，板の曲げ角度公差が思ったより影響度が大きいことがわかった。他の公差値と比べても，明らかに大きい値であるので，この角度公差に着目してみる。まず，板の曲げ公差以外の要因だけで，2乗値を計算してみる。

A. 板厚：$0.12^2 = 0.0144$
B. フランジ厚B：$0.05^2 = 0.0025$
C. Eリング厚：$0.04^2 = 0.0016$
D. シャフト溝ピッチ：$0.1^2 = 0.01$
G. ベース幅：$0.1^2 = 0.01$
A′：$0.12^2 = 0.0144$
B′：$0.05^2 = 0.0025$
C′：$0.04^2 = 0.0016$

以上を足し合わせると，0.057（①）となる。では，板の曲げ公差はどうなるか。

AA：$0.87^2 = 0.7569$
AA′：$0.87^2 = 0.7569$

合計値は，1.5138（②）となる。考察として，仮に，板の曲げ公差以外の公差値を全て「0」にしたとしても（つまり①=0），√計算結果は，

$\sqrt{1.5138} = 1.23$

であり，±1.25からほとんど変わらない。つまり，現実的には，板の曲げ公差

だけで対応することになる。では，板の曲げ公差をどうすれば良いか？ √計算結果を±0.5にするためには，

①＋②＝0.25

にすれば良い。

①は0.057で固定とすると，

②＝0.25－0.057＝0.193

となることから，1つの板の曲げ公差の2乗値は，

$$\frac{0.193}{2}=0.0965$$

よって，曲げ公差値は，

$$\sqrt{0.0965}=0.311$$

となる。以上から，角度公差の値を計算すると，

$$50\times\tan X^\circ=0.311$$

$$\tan X^\circ=0.00622$$

となり，従って，

$$X^\circ=\tan^{-1}(0.00622)=0.356^\circ$$

となる。

計算結果からは，単純に板の曲げ公差を±0.356°とすれば，計算上は，$f=0.5\pm0.5$となるが，社内規定上，板の直角曲げの公差は「量産限界を±0.5°」としていることから，単純に製造指示できる値ではない。設計者がこの値を図面に設定した場合は，現場では全数検査をするとか，治具を使って修正する等が必要となってしまう。現場を知っている設計者は，この様な値を設定することは考えられないが，現場を知らない設計者で，公差計算を少し知っている設計者は，$f=0.5\pm0.5$を優先するあまり，製造できないような公差を設定するケースも少なからず存在するのもまた事実である。

以上の通り，**Step.2における公差値だけの変更では，とても改良にはならないことがわかった。**実は，多くの設計現場で，従来構造の延長線上で本ケーススタディのような実態が伺える。

目標値を優先するあまり，量産限界を超えた公差値を設定してしまいました。

ちょっと公差計算を知っている人ほど，イタズラに公差値をどんどん小さくしていってしまう。
現場の実態に合った公差を考えることが重要だ。

29. 機械装置の公差設計④ーStep.3　構造変更を伴う改良案の検討

Step.2の公差値だけの変更では，次の課題が残っていた。

・量産での加工限界±0.5°を超えている。

・ベース上の板の位置決めが安定していない。
（板の位置決め部高さが不十分）

本Step.3では，根本的な対策として，基本構造の見直しが必要となる。さあこれも，まずは読者諸氏でアイデアを出してほしい。どのような構造にすれば，公差設計上，有利な構造となるか？　構造変更のアイデア出しは，次のように進める（複数のメンバーでのアイデア会議が有効)。

手順１　とにかく，たくさんのアイデアを考える。
手順２　アイデア１つ１つをマンガにしていく。
（１アイデアを１マンガに）
手順３　全員でアイデアを紹介して，その中で一番良いアイデアを採用する。
手順４　その新構造で公差計算を実施し，効果を確認する。

実は，このアイデア出しの作業が最も重要である。本ケーススタディは簡単な事例ではあるが，筆者らはこの16年間で，約70社に対して500テーマ以上の実践指導会（実際の設計で一番困っている部分を解決）を実施してきた。Step.1（現状の公差計算）では，ほとんどのテーマが，Σ計算はもとより，√計算でも成立できないケースがほとんどであった。

そして当然，Step.2（公差値のみ）でも解決できず，Step.3（構造変更）へと進む。実は，きちんとこのStepを踏んでくると，アイデアは驚くほどたくさん出る。Step.1～Step.2を通じて「何が最大の原因か」を確認し，「問題の本質を知る」ことで，設計者は数多くの解決案を出すことができる。アイデアから生まれた新構造で，特許を出願した事例も複数ある。

なお本ケーススタディも含めて，Σ計算を否定しているわけではないので注意してほしい。Σ計算が成立していて何も心配がいらない実態であるなら，それはもちろんベストである。しかしながら，厳しい商品開発競争の中で，√計算でも成立しないケースの方が圧倒的に多くなっていることも事実である。

読者諸氏も，いろいろなアイデアが出たであろう。セミナーで，このケーススタディを実施すると，非常に多くのアイデアが登場する。**図3.12**に，よく出るアイデアの例を紹介する。十分にアイデアを考えた方には，この1つ1つの説明は不要だろう。

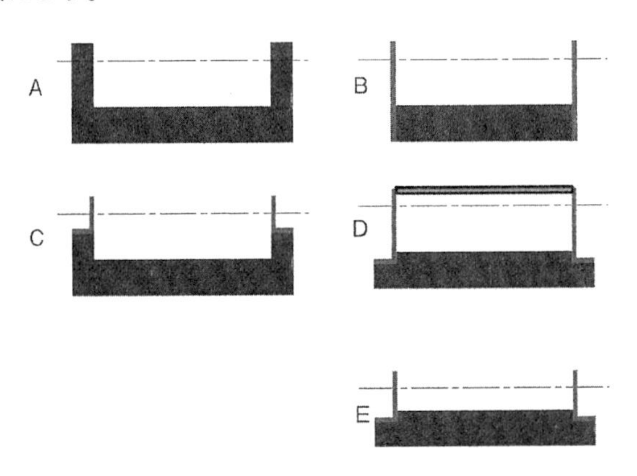

図3.12　構造変更のアイデアの一例

その後，セミナー参加者にいちばん良いアイデアを選んでもらうと，たいてい図3.12のB案が採用されるケースが最も多い。それを3次元モデル化すると，**図3.13**のようになる。

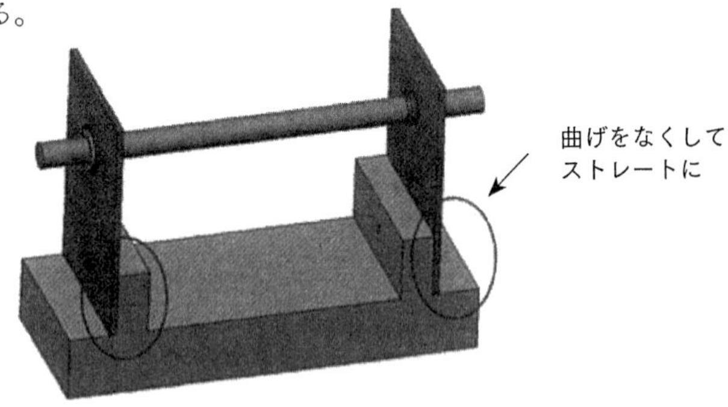

図3.13　新たに採用された構造（B案の3次元モデル）

では，最後にこの新構造で公差計算を実施して，構造変更の効果の確認をしよう。ここで重要になるのは，設計者にとって，よりよくするために構造変更を行うわけだが，「何か良くすれば，必ず悪くなるところも出てくる」のが設計である。どんな設計も，まったく余裕がない中で行われているため，そのリスクが常に存在している。この新構造においては，確かに一番大きな公差要因であった「板の曲げ公差」がなくなった。しかしながら，逆に新たに登場してくる公差要因がある。セミナーで必ずリストアップされる二つの公差要因を読者諸氏も考えてみてほしい。読者諸氏がリストアップしたのはどこの二つだろう。セミナーでは，次の二つがリストアップされるケースが多い。

（イ）ベースの角度公差
板の曲げ公差の代わりに，ベースの位置決め部の角度公差が必要になる。
（ロ）板の平面度
板の曲げ公差に隠れていたが，平板になれば平面度が非常に気になる。

次に，上記２つの公差値を考えてほしい。読者諸氏は，どんな値を付けるだろう。そして，その値を使って「公差計算」と「不良率計算」をしてほしい。読者諸氏の結果では，改善効果が表れただろうか。図3.14では，１つの事例を紹介する。

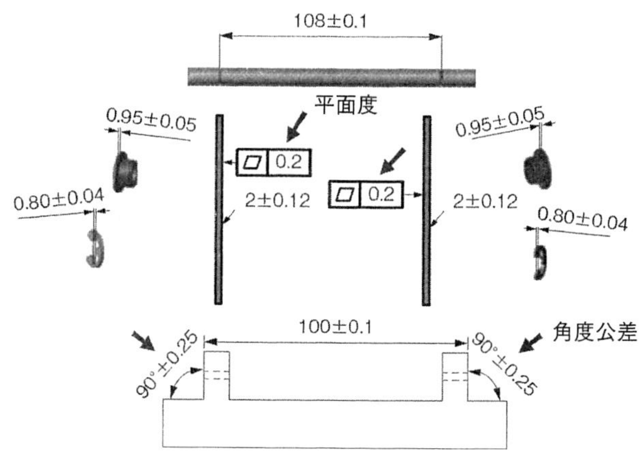

図3.14　追加となる公差値（仮説）

ここでは，二つの公差値を次の通り設定（仮説）している。

（イ）ベースの角度公差：±0.25°

（ロ）板の平面度：0.2

これらの値は，最終的に「加工検討」を行い，現場と合意された値でなければならないことは言うまでもない。

この二つの公差値も含めて，全要因を再整備すると，次の通りとなる。

A. 板厚：2±0.12
B. フランジ厚：0.95 ± 0.05
C. Eリング厚：0.8 ± 0.04
D. シャフト溝ピッチ：108 ± 0.1
G. ベース幅：100 ± 0.1
A′. 板厚：2 ± 0.12
B′. フランジ厚：0.95 ± 0.05
C′. Eリング厚：0.8 ± 0.04
イ　ベースの角度：90° ± 0.25°
→± 0.218
イ′ベースの角度：90° ± 0.25°
→± 0.218
ロ　板平面度：± 0.1
ロ′板平面度：± 0.1

（イ）のベース**角度公差**は，板の曲げ公差と同様に三角関数で計算する。（ロ）の**板平面度**は，幾何公差の公差計算となり，±0.1で計算する。平面度はソリではない。ソリの公差計算は，**ガタ**，**レバー比**と同等に上位の公差計算が必要であり，ここでは割愛する。

新構造での公差計算書は，**図3.15**の通りとなる。

公差計算書　製品名

氏名　年月日

ポイント：fのスキマ最大1mm(f=0.5±0.5)

説明図:

50

計算式:

f=D-2*(A+B+C)-G

=0.5

No	項　目	寸法と公差	中心寸法と公差		係数	実効値		実効値
A	板厚	2±0.12	2	±0.12	1	±0.12		0.0144
B	フランジ厚	$1^{0}_{-0.1}$	0.95	±0.05	1	±0.05		0.0025
C	Eリング厚	0.8±0.04	0.8	±0.04	1	±0.04		0.0016
D	シャフト溝ピッチ	108±0.1	108	±0.1	1	±0.1		0.01
G	ベース厚	100±0.1	100	±0.1	1	±0.1		0.01
A'	板厚	2±0.12	2	±0.12	1	±0.12		0.0144
B'	フランジ厚	$1^{0}_{-0.1}$	0.95	±0.05	1	±0.05		0.0025
C'	Eリング厚	0.8±0.04	0.8	±0.04	1	±0.04		0.0016
イ	板の曲げ角度	±0.25°	50*0.25°		1	±0.218		0.0475
イ'	板の曲げ角度	±0.25°	50*0.25°		1	±0.218		0.0475
ロ	板平面度	0.2	半分にして±0.1		1	±0.1		0.01
ロ'	板平面度	0.2	半分にして±0.1		1	±0.1		0.01

設計の考え方:

計算結果			
	Σ計算	0.5±1.256	±
	√計算	0.5±0.415	±

図3.15　新構造での公差計算書

なお，これらの公差値に対する√計算の結果は，0.5±0.415となり，そのときの不良率は，0.03%となる。つまり，新構造を採用して，各部品の公差値が無理のないものであれば，

- 設計上の0.5±0.5は実現できる
- 現場も作りやすい（部品も組立も）

という両面で良好な効果が得られることとなる。さらに，不良率に余裕があると判断できるなら，隙間fを小さくするなどの設計上の改善余地も残る。実は**公差設計の一番難しいところは，その計算結果に対する「判断」と「処置」であるが**，本ケーススタディではここまでとする。

ここでもう一例を紹介したい。**図3.16**では，板の部品図表記を再確認している。つまり，角度公差を指定している図であり，実際の設計現場でこの角度公差を指定している例もまだあることから，この図例を用いる。

本ケーススタディでも確認した通り，角度公差を用いた場合は，三角関数での計算が必要となるケースが多く，計算の手間が増える。また，3次元公差解析ソフトの中には角度公差に対応していないものもある。

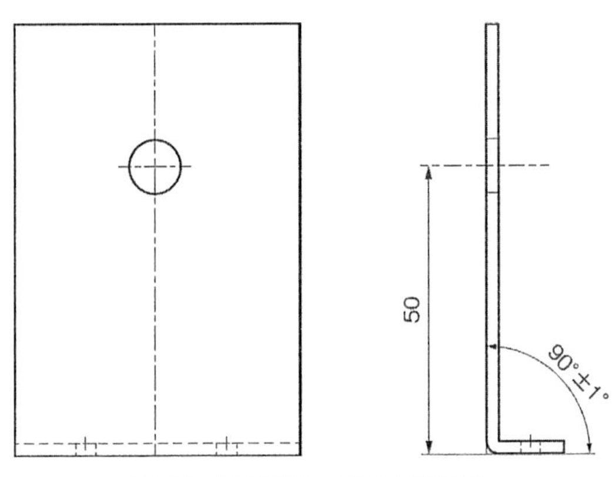

図3.16　板の部品図（角度公差指定）

図3.17に幾何公差を用いて表記した例を示した。シャフトが位置決めされる部分（高さ50の位置）には，**位置度公差**を適用している。加工検討により，位置度公差は0.5が可能であることがわかったとする。この場合，隙間 f の計算には，直接この位置度公差の値0.5（つまり±0.25）を用いることになる。しかも，Eリングが当たる範囲（ϕ12）に指定できるのも特徴である。**図3.18**は，公差域の詳細を示している。

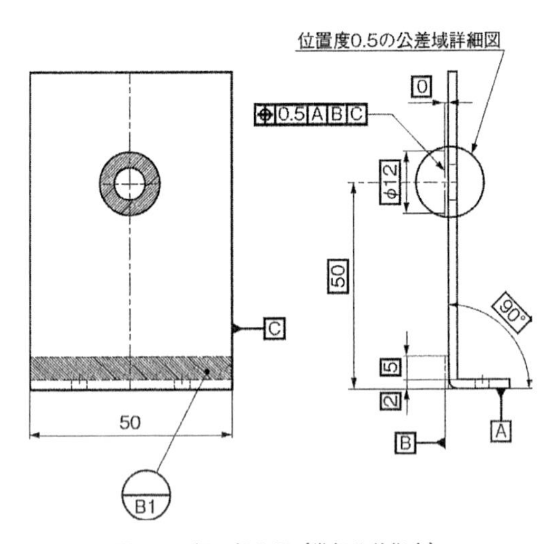

図3.17　板の部品図（幾何公差指定）

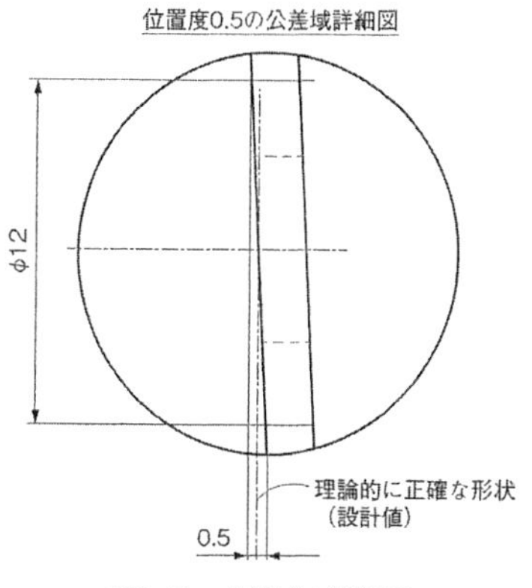

図3.18　公差域の詳細図

このように，幾何公差を用いることにより，設計者は重要な部分にダイレクトに公差を指定できるようになるし（三角関数計算が不要），実は加工者も管理が容易になる。公差設計には，幾何公差表記が適しているという，典型的な例である。公差計算しやすいということは，**設計者が設計しやすいことであり，設計しやすい図面は作りやすいし，管理がしやすい，ということになる。**公差設計が品質向上とコストダウンに大きく寄与できる理由がおわかりいただけたであろう。

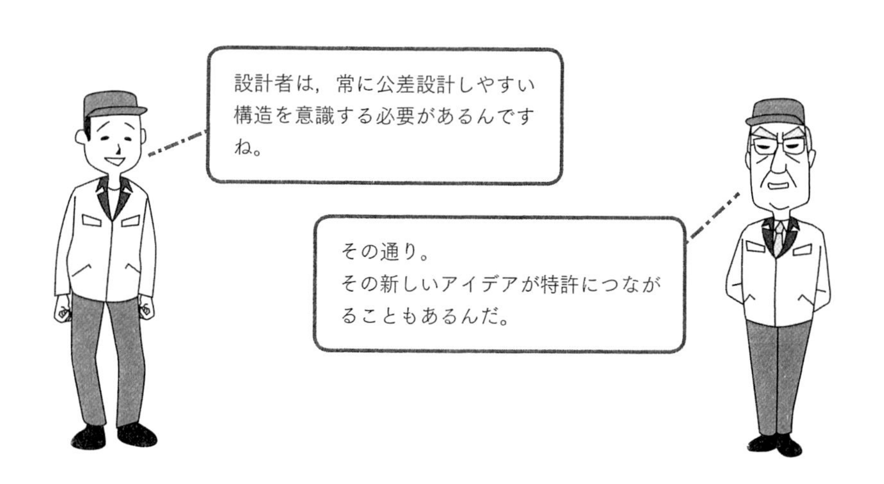

30. ガタは公差にどう影響するか―レバー比の計算

実際の設計では，部品を組み付けるときに生じるガタの影響を考慮しなければならないことが多い。図3.19には，その代表的なものとして上下の二つの穴とピンで位置決めをしている指針の例を示す。このときに，二つの穴とピンの位置関係によって，指針先端に対して，公差が拡大縮小して影響してくるケースがある。この拡大率・縮小率のことを，レバー比と呼んでいる。

まずは一番簡単な例として，ガタとレバー比だけの計算をしたい（公差の影響は考えない）。上下の穴とピンの間にはガタが存在するため，そのガタの影響で指針先端が左右に振れる。

では，このときの最大の振れ量はどうなるだろうか。計算が難しいという方は，図3.20にその計算過程を説明しているので参考にしてほしい。図3.20 (a) は，上下のガタが同時に振れている状態である（実際にはこう振れる）。こういったケースの場合は，上下を分けて計算することを勧めたい。同時に振れても計算ができる人でも，今後のあらゆるガタとレバー比の計算をやりやすくす

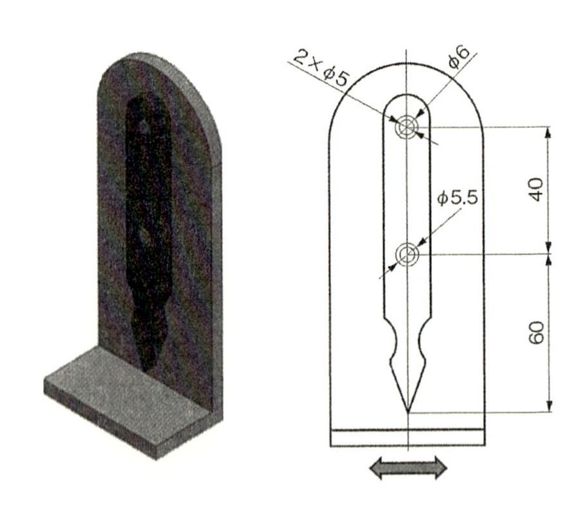

図3.19　ガタの影響で指針の先端が振れる

るために，分けて計算する方法をお勧めする。図3.20（b）は，上側を固定して下側のガタだけを振っている状態であり，図3.20（c）は，下側を固定して上側のガタだけを振っている状態である。上下それぞれの穴径とピン径の差は隙間であり，ガタはその半分である。

つまり，上部のガタは，

$$\frac{6-5}{2}=0.5$$

また，下部のガタは，

$$\frac{5.5-5}{2}=0.25$$

である。

部品先端位置に現れるガタの影響は，それぞれのレバー比で拡大される。レバー比とは，支点からの距離の比率である。

下側のガタによる部品先端位置への影響β_1は，

$$0.25\times\frac{100}{40}=0.625\ （レバー比=\frac{100}{40}）$$

上側のガタによる影響β_2は，

$$0.5\times\frac{60}{40}=0.75\ （レバー比=\frac{60}{40}）$$

となる。ガタの影響は，この両者の和であり，指針先端の最大振れ量は，

$$0.625+0.75=1.375$$

である。

ここまではガタとレバー比のみの単純計算だが，指針先端位置での公差計算はこれだけでは終わらない。さらに，各部品のピン径と穴径の公差および幾何公差の値に，それぞれの係数（レバー比）を掛けて計算することとなる。これらは設計者の意図および周辺構造に大きく影響されるため，実際の設計場面において十分な考察が必要となる。

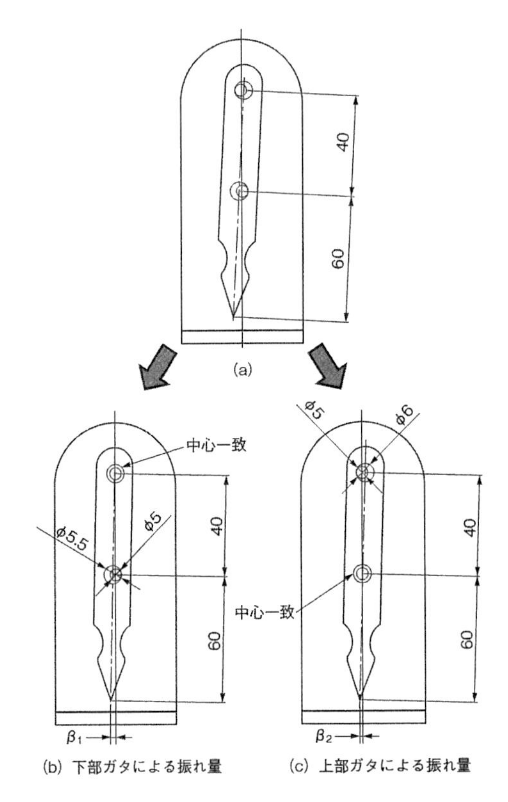

図3.20　ガタを二つに分けて計算する

31. その他の公差計算方法 — モンテカルロシミュレーション

モンテカルロシミュレーションとは，乱数を発生させることにより全ての部品を公差いっぱいばらつかせ，アセンブリされた最終製品がどの程度ばらつくのかをシミュレーションするものである。例えば，評価のために10,000台の試作を作ることは現実的には不可能だが，モンテカルロシミュレーションでは，仮想的にそれが可能となる。また，乱数の種類は，正規分布乱数，一様分布乱数などさまざまだ。

このモンテカルロシミュレーションは，p.93で説明する3次元公差解析ソフトでも利用する手法であるため，ここで概要を紹介しておきたい。

例えば，二つの一様分布を加算する例を見てみよう。図3.21は，二つのサイコロを3,000回ずつ転がし，それを足し合わせた値をプロットした例である。二つのサイコロを3,000回転がすのは容易ではないが，**仮想的にシミュレーションできる**のが，モンテカルロシミュレーションだ。二つの一様分布を加算した場合の分布は，三角分布をとることがわかる。

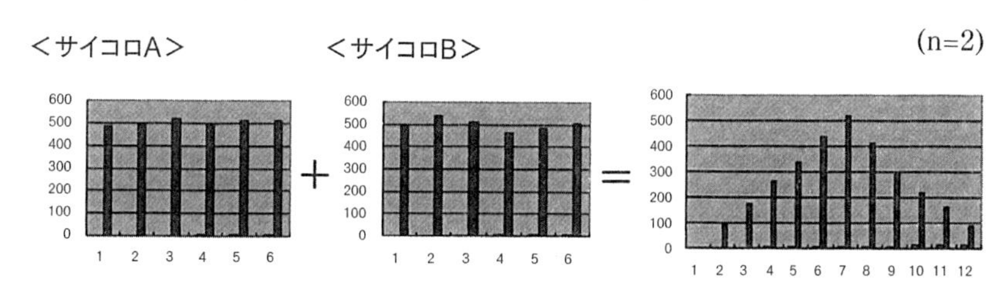

図3.21　2つの一様分布の組み合わせ

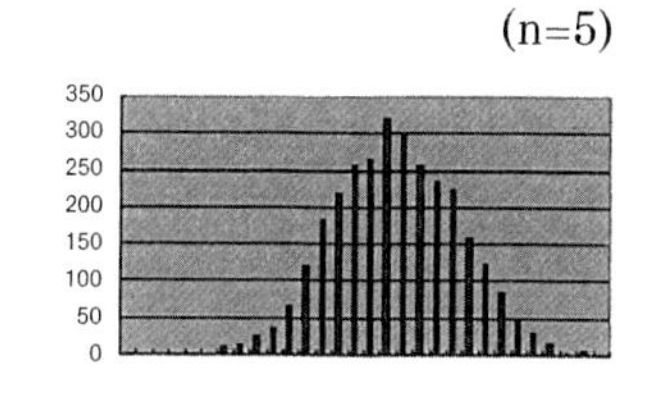

図3.22　5つの一様分布の組み合わせ

では，サイコロ五つではどうなるだろうか。図3.22に，それを示す。一様分布をしていても，五つ以上の組み合わせによって正規分布とほとんど同様の分布となっているのがわかるだろう。これを中心極限定理という。

これを製品に置き換えてまとめてみよう。**図3.23**のようなA~Eの５部品で構成された製品がある。寸法ａ，ｂ，ｃ，ｄ，ｅがそれぞれ±0.1，±0.05，±0.15，±0.1，±0.05の範囲で一様分布している場合，総厚の分布は，**表3.4**の通りとなる。

表3.4　5部品からなる製品のモンテカルロシミュレーション

寸法	モンテカルロ	一様分布乱数を発生	
a	一様分布 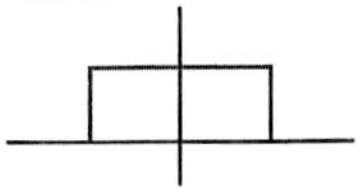	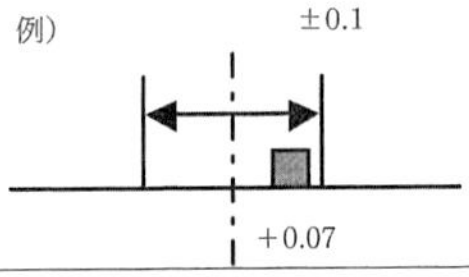 例）±0.1 +0.07	A部品の箱の中から，一つの部品を持ってくる。 それが，+0.07だった。
b	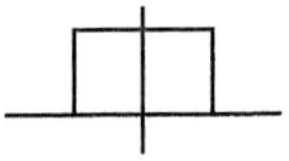	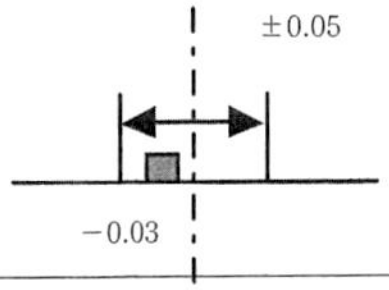 ±0.05 −0.03	B部品の箱の中から，一つの部品を持ってくる。 それが，-0.03だった。 それを組み付ける。
c	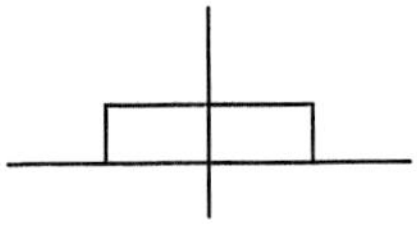	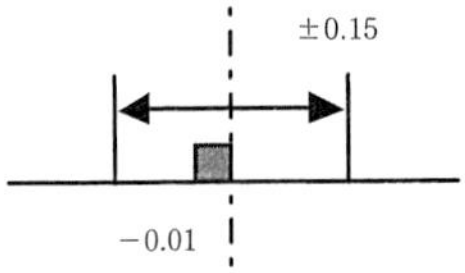 ±0.15 −0.01	C部品の箱の中から，一つの部品を持ってくる。 それが，-0.01だった。 それを組み付ける。
d	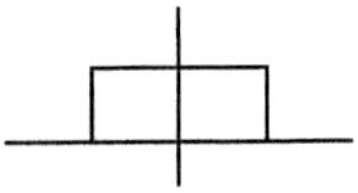	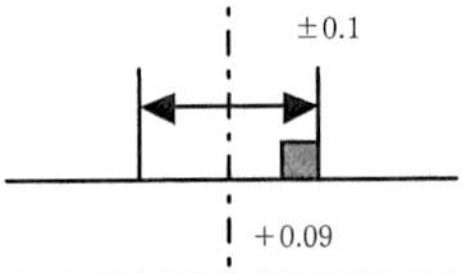 ±0.1 +0.09	D部品の箱の中から，一つの部品を持ってくる。 それが，+0.09だった。 それを組み付ける。
e	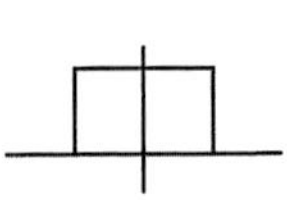	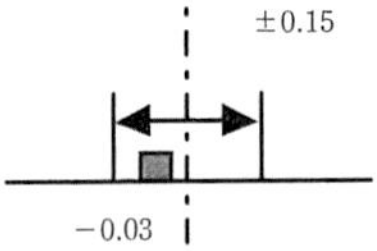 ±0.15 −0.03	E部品の箱の中から，一つの部品を持ってくる。 それが，-0.03だった。 それを組み付ける。
合計	中心極限定理 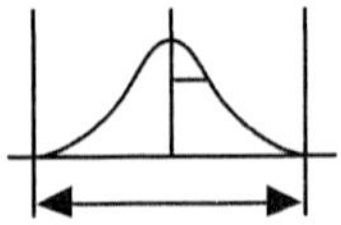	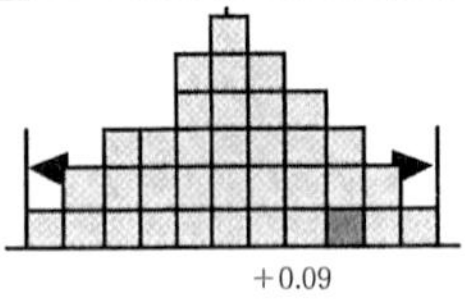 +0.09	1台組立後のデータが，+0.09であった。これをプロットする。それを例えば10,000回（=10,000台）繰り返す。 結果は正規分布となる。

ここでは，主に，モンテカルロ法について説明したが，これまで説明してきたΣ計算，√計算に加え，その他にも（Σ＋√）/2，[2N/(1+N)]×√計算，1.33×√計算などの計算方法が，各企業のノウハウに基づき，生み出されてきている。

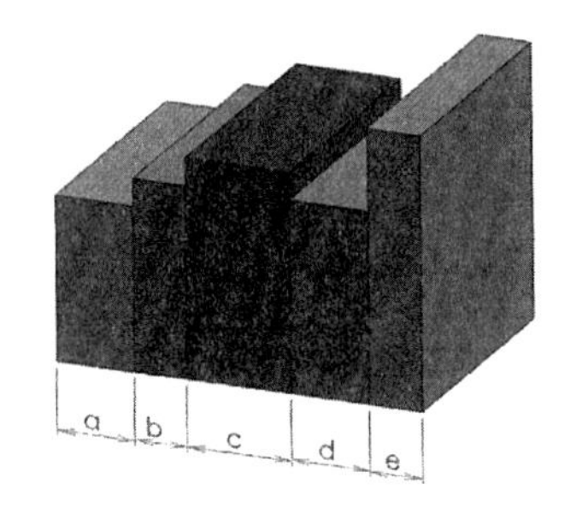

図3.23　5部品からなる製品

図3.24は，同じ公差（±0.1）の部品をN個重ねたときの，各計算方法における計算結果を示している。

これまで説明してきた内容をベースとして，各企業の実態に合った公差計算を行っていくことが必要である。

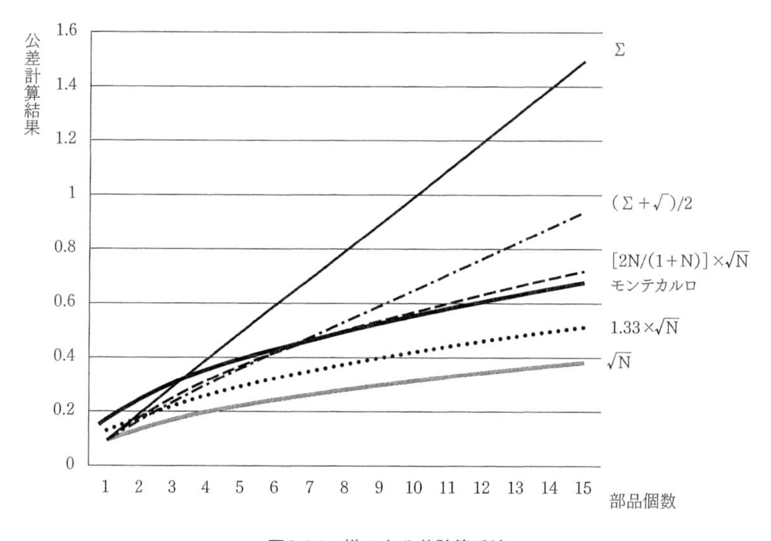

図3.24　様々な公差計算手法

32. 3次元公差解析ソフトを利用した公差設計事例
― SigmundWorksによる解析

3次元CADの普及に伴い，3次元公差解析への関心が高まっている。3次元CADと連携し，3次元公差解析ソフトによって計算した公差値をそのまま，3DAモデル（生産のための全ての情報を2次元図面ではなく，3次元モデル上に定義する方法）に表記していく。そもそも機械装置が立体物であることを考えれば，この流れはごく自然なことと言えよう。

ここでは，3次元公差解析の一例として，本章で紹介したケーススタディの「機械装置」を題材に，米バラテック社製3次元公差設計支援ソフト「SigmundWorks」および「SigmundABA」を用いた解析事例を紹介し，そのポイントを解説したい。SigmundWorksは，積み上げ公差の解析を効率的に行い，公差の最適化を容易に行うためのソフトで，3次元CAD「SOLIDWORKS」の3Dデータをそのまま使用できるのが特徴である。

SigmundWorksによる解析の手順を図3.25に示す。ここで最大のポイントは，ユーザー指定の解析個所から公差要因を自動的に抽出する「オートループ機能」と，最終目標値を設定するだけで各部の公差値を自動的に割り当てる「ロールダウン機能」であり，ここではまず，それぞれの機能の特徴を解説する。

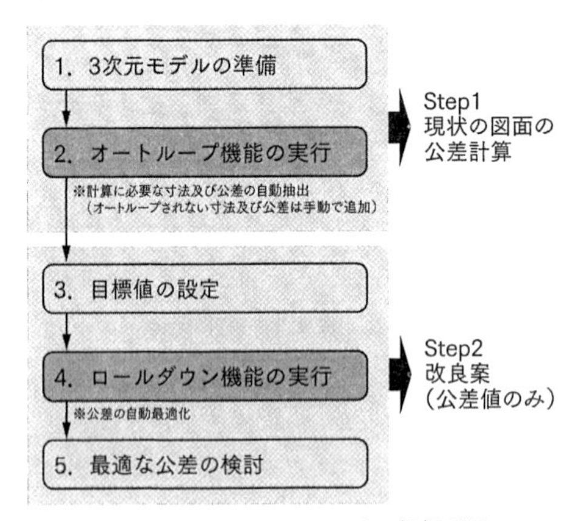

図3.25　SigmundWorksによる解析手順

(1) オートループ機能

オートループ機能は，**図3.26**のように，解析したい隙間の二つの面を選択し，コマンドボタンを実行するだけで，隙間に関係してくる要因を自動で抽出する機能だ。

図3.27のような経路を辿り，寸法を抽出してくるため，ケーススタディの「手順3　計算式の記載」は瞬時に計算してしまう（当然のことながら，3次元モデルに寸法および公差が設定されている必要がある）。計算式に入らない要因（本事例の場合では板の角度公差）は，手動で追加する必要がある。

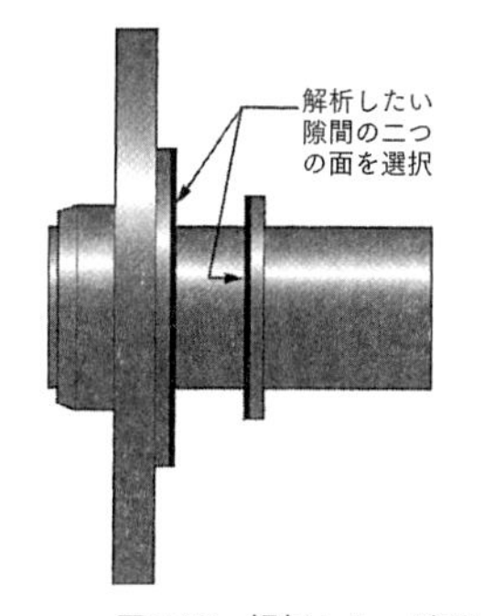

図3.26　解析したい隙間

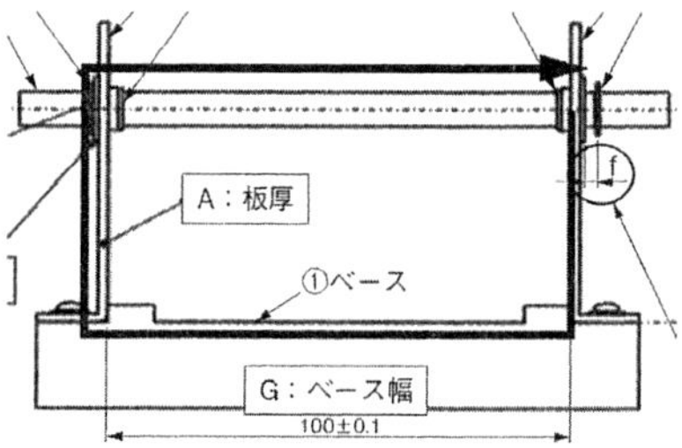

A：板厚
①ベース
G：ベース幅
100±0.1
f

図3.27　オートループの経路

以上のような解析の結果を**図3.28**に示す。

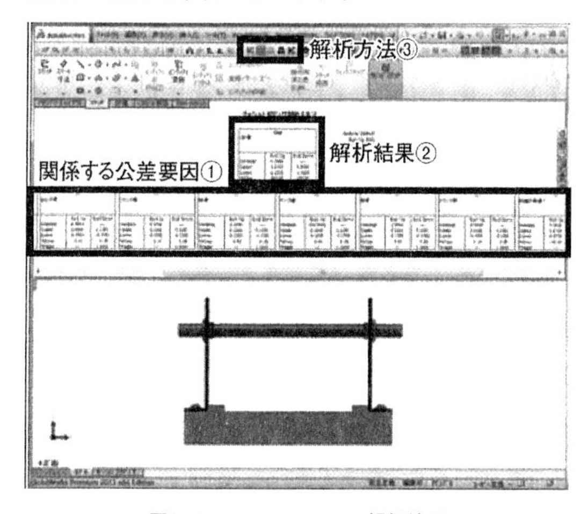

図3.28　SigmundWorks解析結果

まず，解析したい隙間に関係している要因を一覧で表示しているのが，「関係する公差要因①」である。ここで，特定のボックスを1つ選択すると，その要因がどの寸法を示すのか，画面下の3次元モデル上に表示される。公差解析結果と3次元モデルが連動していることも，3次元公差解析の大きなメリットだ。次に，複数の要因により計算された結果が「解析結果②」に表示されている。このとき，「解析方法③」のコマンドを使って，どのような方法で解析するのか（たとえば，Σ計算なのか√計算なのか，あるいはそれ以外の方法か）を切り替えることができる。

本事例におけるΣ計算結果と√計算結果を**表3.5**に示す。p.69の手計算によるΣ計算および√計算の値と同様になっていることがわかるだろう。

表3.5　SigmundWorksにおけるΣ計算結果および√計算結果

<Σ計算>

Gap Σ計算	
Roll Up	
Nominal	0.5000
Upper	2.3600
Lower	−2.3600
%Cont.	100.00

<√計算>

Gap √計算	
Roll Up	
Nominal	0.5000
Upper	1.2533
Lower	−1.2533
%Cont.	100.00

（2）ロールダウン機能

ロールダウン機能は，目標値を実現するための公差値を各部品に割り振る機能だ。**図3.28**の解析結果②をダブルクリックし，設計目標値を設定することができる。ここでは，√計算における設計目標値を±0.5に設定する。設計目標値は**表3.6**の通り，Roll Downの項目に表示される。

表3.6　設計目標値の設定

Gap √計算		
	Roll Up	Roll Down
Nominal	0.5000	----
Upper	1.2533	0.5000
Lower	−1.2533	−0.5000
%Cont.	100.00	100.00
Weight	----	1.0000

←設計目標値 ±0.5

板の曲げ公差以外の公差は，全て値を固定することを前提として，±0.5を実現するために，二つの板の曲げ公差による影響を，それぞれどの程度にすれば良いかを計算するために，ロールダウンコマンドを実行する。その結果を図3.29に示す。ここから二つの板の曲げ公差による影響を，±0.3106にすることで，アセンブリの目標値である±0.5を実現できる結果となったことがわかる。

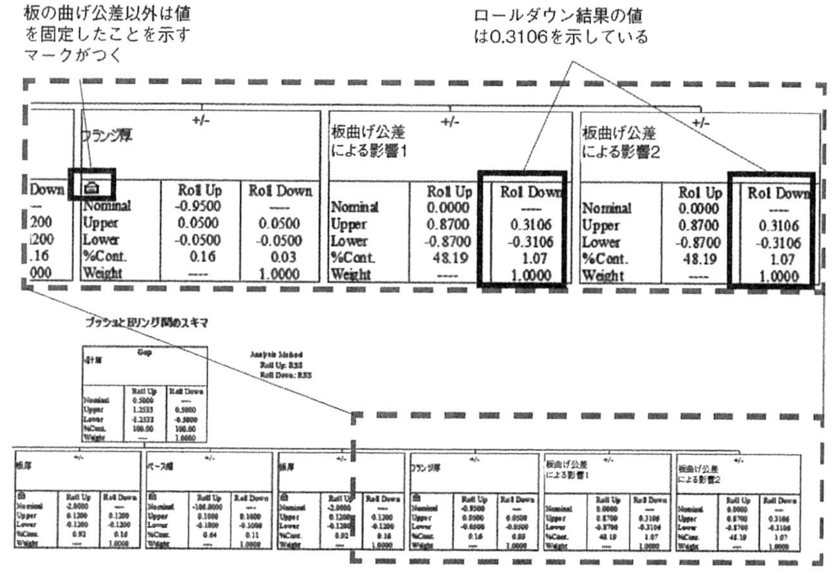

図3.29　ロールダウン結果

ここまで，オートループ機能とロールダウン機能の説明をしてきたが，オートループ機能は，ケーススタディのStep.1に当たる作業でありロールダウン機能は，ケーススタディのStep.2に当たる作業となる。これらを非常に効率的に行えるのがSigmundWorksである。さらにSigmundWorksでは，寄与率結果（図3.30：現状の公差計算における寄与率を表示している）やグラフによる不良率結果（図3.31）が表示でき（もちろん，これはSigmundABAでも可能だが），改良のための判断基準とすることができる。

寄与率結果では，測定点に対してどの公差値が効いているのか，影響度の大きい順に表示される。上記の結果では，板の曲げ公差による影響が大きく影響しているため，この公差を優先的に改善する必要があると判断できる。

不良率結果においても，p.71で計算した不良率と同様に23％という結果となった。

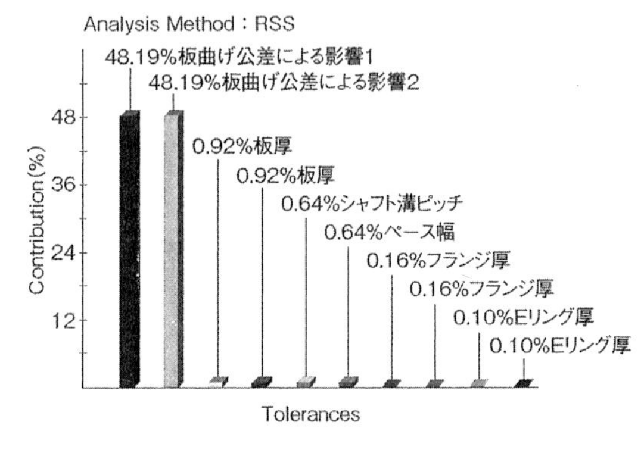

図3.30　寄与率結果

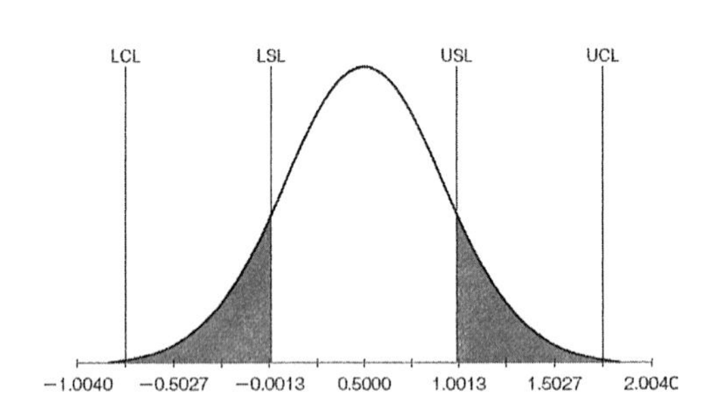

図3.31　グラフによる不良率結果

33. 3次元公差解析ソフトを利用した公差設計事例
―SigmundABAによる解析

SigmundABAは，いわゆるハイエンドな公差解析ソフトであり，p.82で説明したガタとレバー比の解析に優れたソフトである。

まず予備知識として，公差解析ソフトの解析手法では，モンテカルロシミュレーションとシステムモーメント法のいずれかの手法を利用して解析処理をしている。

モンテカルロシミュレーションとは，p.85で説明した通り，乱数を発生させることにより全ての部品を公差いっぱいばらつかせ，アセンブリされた最終製品がどの程度ばらつくのかをシミュレーションするものである。例えば，評価のために10,000台の試作を作ることは現実的には不可能だが，モンテカルロシミュレーションでは，仮想的にそれが可能となる。また，乱数の種類は，正規分布乱数，一様分布乱数など様々だ（なお，システムモーメント法についての詳細は数多くの文献が発表されているのでそちらを参照してほしい）。

本稿で紹介している，SigmundWorksは，手計算と同じ計算方法で解析を行うのに対し，SigmundABAは，モンテカルロシミュレーションを使用している（SigmundWorksは，モンテカルロシミュレーションによる解析機能も有しているが，説明は省略する）。

一般的にモンテカルロシミュレーションソフトでの解析手順は，**図3.32**の通りである。

SigmundABAによる解析結果を**図3.33**に示す。こちらも同様に，寄与率結果およびグラフによる不良率結果が表れる。

設計者が作成した3次元モデルが，部品でばらつく状態や，製品で目的箇所がばらつく状態を「見える化」できることで，関係者への説明にも有効に使える。

1. 全ての部品に乱数を発生させ，ばらつきを与える

※ランダムにばらつくアニメーションが確認できる

2. ばらつきを与えた部品を組み付ける。

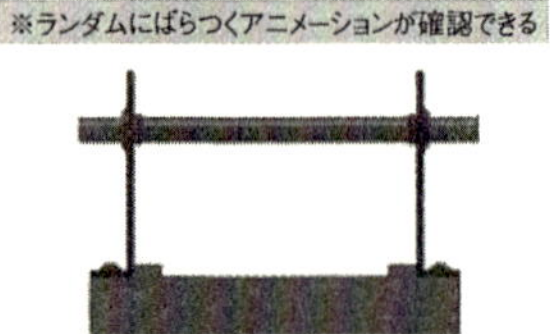

3. 最終製品でシミュレーションを実行。
※例えば，シミュレーション回数を5000回とすると，瞬時に製品5000台を組み立てた場合のばらつきをシミュレーションできる。

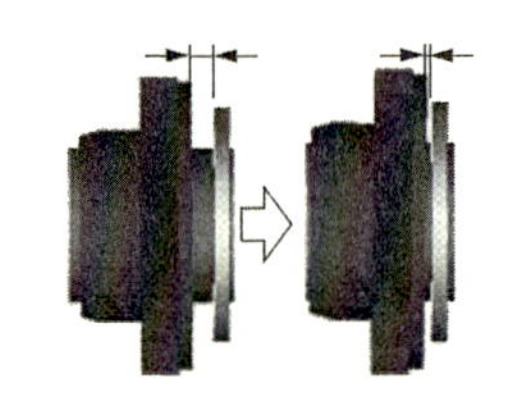

図3.32　モンテカルロシミュレーションの解析手順

Gap_Bush_Ering
Specification:LSL=0.0000, Nominal=0.5000, USL=1.0000
Control Limits:LCL=0.7716, Mean=0.4997, UCL=1.7710
%Out of Spec.=23.8044,Cp=0.3933, Cpk=0.3931,Mean Shift=−0.0003

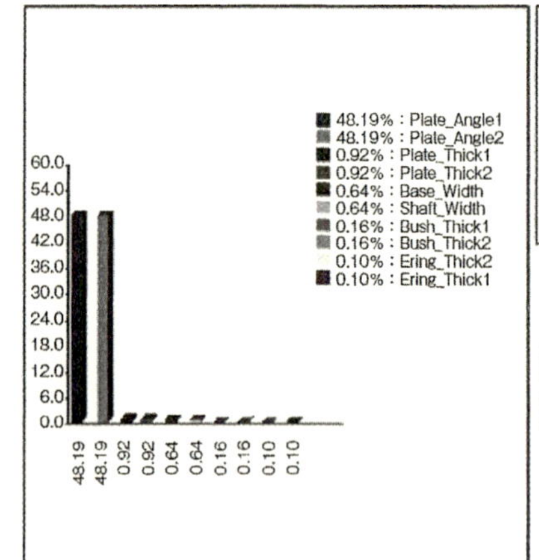

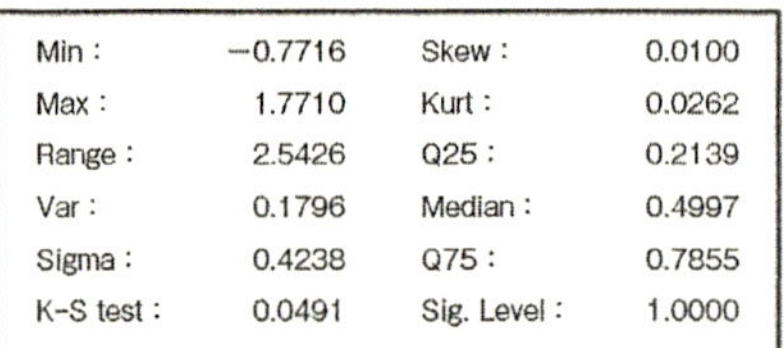

Min :	−0.7716	Skew :	0.0100
Max :	1.7710	Kurt :	0.0262
Range :	2.5426	Q25 :	0.2139
Var :	0.1796	Median :	0.4997
Sigma :	0.4238	Q75 :	0.7855
K-S test :	0.0491	Sig. Level :	1.0000

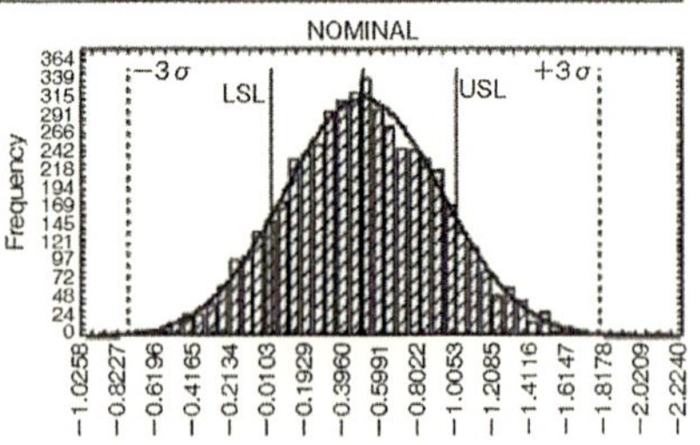

図3.33　SigmundABAによる解析結果

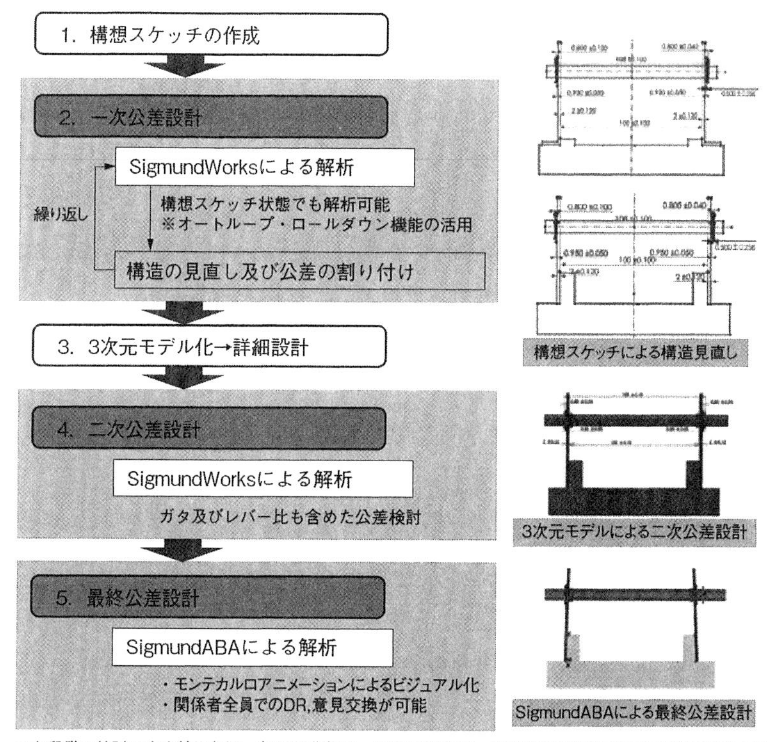

図3.34　構想設計から詳細設計に至るまでの公差設計例

構想設計段階からの公差設計

3次元公差解析ソフトと聞くと，3次元モデルが全て完成された状態で始められるものだと思われるかも知れない。しかしこの段階で公差解析を行い，構造変更が必要だとわかっても，実際には，すでに変更は容易ではないだろう。

しかし，構想設計段階（構想スケッチの段階）で公差解析を行い，十分試行錯誤を繰り返したうえで（この時点では構造変更も比較的容易に行える），3次元モデル化から次の詳細設計へと進んでいくことができるのであれば，事情は異なる。公差設計をできるだけ早い段階で実施することで，より早い段階で設計品質の作りこみが可能となり，その結果，より大きな効果を得られるからである。

また，3次元CADを活用しているとしている企業であっても，構想設計は2次元CADで行い，それを参考にして3次元モデル化しているという話をよく耳にする。しかし，最近ではあらゆる3次元CADに2次元のスケッチ機能が付いているため，実際には3次元CAD上でも構想設計は十分に可能である。**図3.34**に，構想設計から詳細設計に至るまでの公差設計例を紹介する。

SigmundWorksでは，構想スケッチの段階で公差設計が行えるのも，大きな特徴の一つである。まず，構想段階で「一次公差設計」として，公差計算と，それに伴い構造変更及び公差の割り付けを繰り返す（その際に，オートループ・ロールダウン機能が有効である)。その後，3次元モデル化を行った上で，「二次公差設計」として，より詳細な公差検討を行う。一次・二次の各段階の公差設計において，他部門の協力を得て，必ず結論付けしておくことも重要だ。設計者がSigmundWorksを使って十分に公差検討をしたモデルを使用して，「最終公差設計」として，SigmundABAによる解析を行う。前項で説明した通り，モデル自体をばらつかせるアニメーションにより，関係者全員で意見交換が行えることで，公差設計の効率が大幅に向上する。

ケーススタディ課題作成者インタビュー
公差は設計に何をもたらすか

本章で取り上げたケーススタディは，監修者である杉山裕一氏（**写真**）が勤務するローランドディー.ジー.（株）［静岡県浜松市］で実際に社内教育用に使われていた課題がベースとなっている。そこで発案者である杉山氏に同社の公差教育の目的と作成した課題に込められた意図を伺った。

――公差教育の目的は。

杉山　自分が作りたいものを成立させるにはどこが大切になってくるのかを，設計者自らが理解できるようになってもらうために取り組んでいる。セミナーを聴講してもらう前に課題を解いてもらい，公差値をきちんと計算できなかったら，何が必要なのか，どうすればよいのかを自分で考えさせている。人は失敗をしないとなかなか本気になれないが，事例での失敗を通して，公差の必要性を自分で納得してもらいたかったからだ。

――課題のポイントはどんなところにあるか。

杉山　課題には，当社が実際の仕事で頻繁に使っている「板金」「切削物」「シャフト」といった要素を盛り込んだ。その中でも，ミソとなっているのは，板金に曲げを入れて止めてあるところだ。板を90°で曲げているが，現物は必ず90°になるわけではなく，ばらつきが発生する。曲げを使ってはいけないのではなく，使うのなら気を付けなければならないところがあることに気づいてもらうために取り入れた。板金で±0.3°を指定すれば，事実上量産には不向きである。しかし，これを切削にすれば，いとも簡単に実現してしまう。設計だけを見るのではなく，製造までものづくり全体をよく見て考慮に入れていかなければならない。

写真　杉山裕一氏

――ケーススタディでは，最終的に構造変更に結び付けています。

杉山　公差値を厳しくするだけでは製品は作れないことが理解できたら(Step.2)，次に実際にどのようなかたちにするかを導き出す必要が出てくる(Step.3)。公差計算の結果が，実際の形状変更へと結びついていくことで，公差への取り組みが設計のレベルアップにつながっていくことが実感できる。一方，公差を厳しくすることで，たとえば，部品の管理費が倍にアップしたとしても，会社として合意したうえで，製造に流すのであれば問題はない。コストと性能のバランスを確認するのが公差設計だと考えるからだ。この課題では，コストを安くしようと曲げ板金で形状を考えたが，隙間のコントロールが公差計算上うまくいかないジレンマをどう解決するか，を考える練習になっていて，どの構造や加工法が正解かは状況によって変わってくる。アイデアには，一長一短があるが，自分がやりたいことに対して一番メリットが高いのはどれなのか，コストなのか精度なのかというところを勘案して形が決まってくる。

――公差への取り組みは設計に何をもたらしますか。

杉山　公差計算によって，ものづくりは常にばらつきとの戦いであることを意識することが大事である。更に要求を正しく把握してバランスのとれた構造を提案できれば，一人前の設計者なのではないかと思う。設計でのさまざまな決定は，要求されているものが何なのかから紐付いてくるもので，それによって対応は変化し，構造変更の仕方もまったく変わってくる。公差設計への取り組みは設計の本質に触れる第一歩と言えるのではないかと考えている。

第4章

幾何公差で設計意図を正しく図面に盛り込む

図面は，加工現場に設計の意図を正しく伝えるためのツールであり，公差は，その内容である。設計と製造が離れ離れとなるグローバルなものづくりを実践すればするほど，作り手側に正しい情報が伝えられるか否かが重要になってくる。そのための手段として，今，幾何公差の活用が必須となってきている。本章では，はじめて幾何公差を学習する方でもすぐに実践することができるように，「これだけは知っておいてほしい」ポイントをわかり易く紹介していく。

34. 幾何公差は何を目的としているか
— 寸法公差と幾何公差の違い（その1）

（1）目的の違い

図4.1は，寸法公差と幾何公差を併記した図面である。厚みの30±0.3と幅90±0.3の表記が寸法公差で，30±0.3を例にとれば，基準寸法30に対してマイナス側に0.3（**最小許容寸法**），プラス側に0.3（**最大許容寸法**），すなわち長さが29.7～30.3の範囲に入っていることを表す。つまり，以下を表している。

寸法公差とは，最大・最小許容寸法の差であり，サイズ(この図の例では長さ)を規制する。

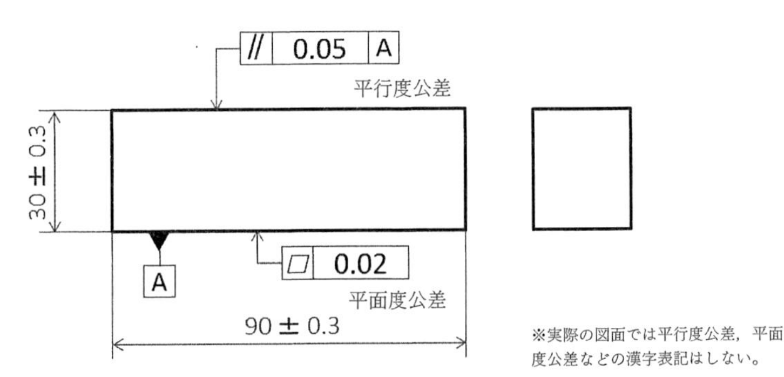

図4.1　寸法公差と幾何公差の併記図

一方，平行度公差，平面度公差と記してあるのが幾何公差の表記である。平行度を例にとると，下の**基準面**（A）から，平行度公差を指示した上面までの高さの偏差が0.05の範囲の中(公差域)に入っていること，すなわちA基準で平行の程度が0.05以内であることを表す。つまり，以下を表している。

幾何公差は公差域を指示して，平行のような姿勢や平面のような形状を規制する。

（2）測定方法の違い

寸法公差での測定方法の一例が**図4.2**である。

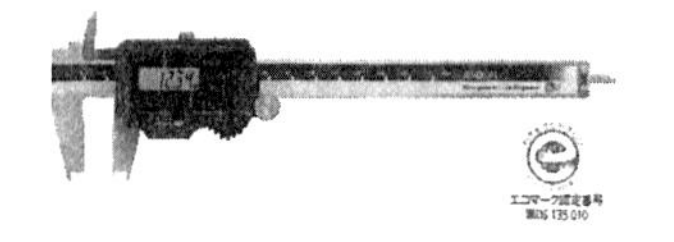

(a)ノギス

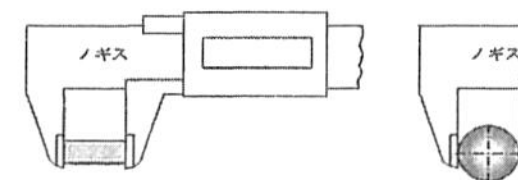

(b)板ものの高さ測定

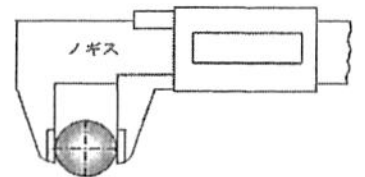

(c)直径測定

図4.2　寸法公差での測定　(写真提供：株式会社ミツトヨ)

寸法公差での測定は**二点測定（挟み込み測定）**が原則である。(a)はノギスを使用して測定している様子，(b)は円筒部品の長さ，(c)は直径を測定している略図である（その他，二点測定用の測定器としてはマイクロメータ等がある）。それでは，(c)の円筒部品の直径を測定する例から，この二点測定の特徴を考えてみよう。

図4.3の(a)は，10㎜の径の円筒の図面で，**図4.3**の(b)は，二点測定で四箇所測定している。二点測定を行って，各測定ポイントでの測定値が9.95～10.05に入っていることが寸法測定では良品の条件である。図4.3(b)は，中間で曲がっている。しかし，二点測定ではこの曲りや変形は検出できない。二点測定は製造現場で測定が容易にできる反面，例のような曲り，変形などを検出できないデメリットもあることを認識してほしい。

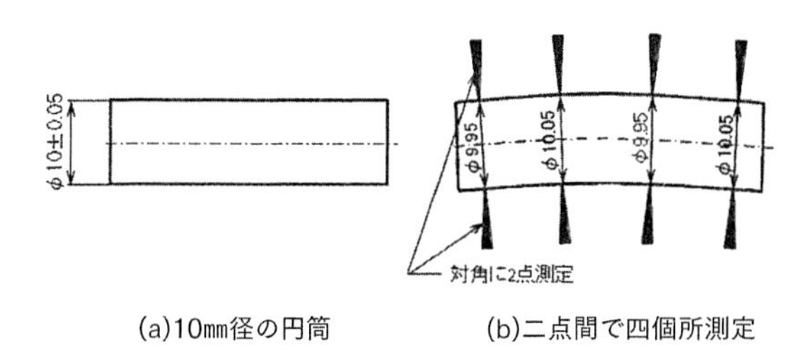

(a)10㎜径の円筒　(b)二点間で四個所測定

図4.3　二点測定例

図4.4では板金部品の高さを寸法公差で指示しているが，寸法公差の測定の原則である二点測定ができるだろうか？　二点測定ではこの高さ（段差）は測定できない。厳密に言えばこの段差は寸法公差で表現してはいけない。

この部品の段差を測定する場合は，簡易的な方法では部品をダイヤルゲージ

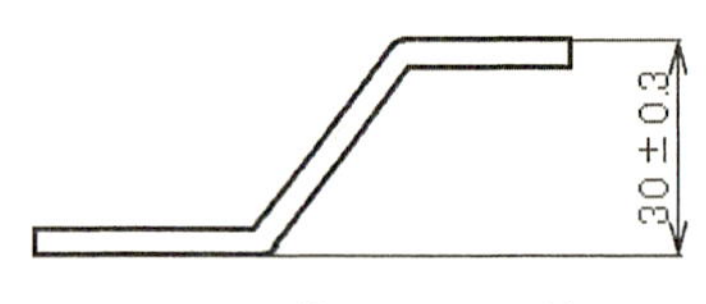

図4.4　段差品の図面と測定

のテーブル上に置いて，左側を治具で固定して，ダイヤルゲージで段差を測定する。一般的に幾何公差を測定する場合は，測定する部品をテーブルや定盤の上に設置し，固定して測定箇所に測定端子を当てる方法を採る。

寸法公差の測定には一般的にマイクロメータやノギスが使われる一方，幾何公差は，その他様々な測定機を使用して測定を行う。

代表的な測定機として，**図4.5**の(a)に**ハイトゲージ**，(b)に接触式3次元測定機（測定端子が部品に直接触れるタイプ），(c)に接触式＋非接触式3次元測定機の例を示す。その他の接触式測定機にはダイヤルゲージ，真円度測定機，形状測定機などがある。また，非接触測定機には，投影機，測定顕微鏡などを代表として，光学式・レーザー式など数多くの測定機・測定装置がある。

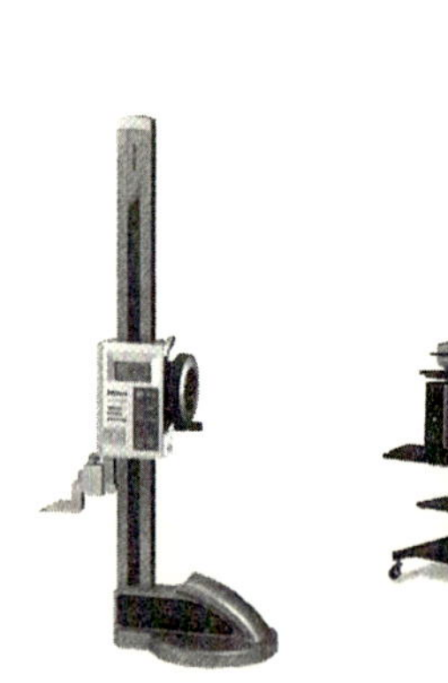

(a)ハイトゲージ
写真提供：株式会社ミツトヨ

(b)接触式3次元測定機
写真提供：株式会社ミツトヨ

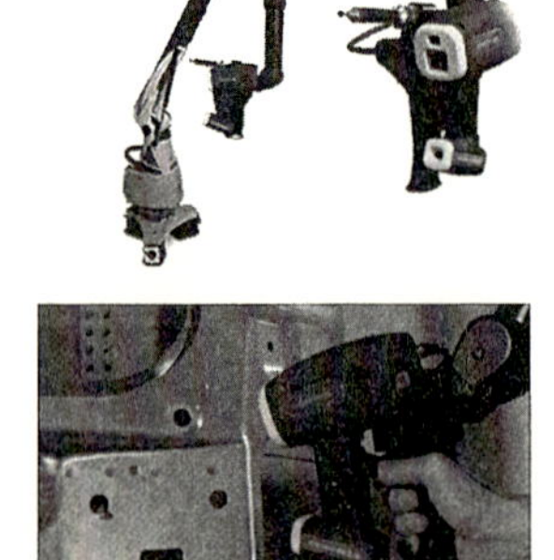

(c)接触式＋非接触3次元測定機
写真提供：株式会社ニコン

図4.5　様々な測定機

35. 幾何公差は何を目的としているか
—寸法公差と幾何公差の違い（その2）

（1）公差域の違い

これまで慣れ親しんだ寸法公差は，最大・最小許容寸法の差であり，片側公差，両側公差の違いこそあっても，極めて単純に理解することができる。前述したとおり，寸法公差はサイズを規制し，大きく分けて**長さ公差**と**角度公差**の2種類のみである。一方，幾何公差は，**図4.6**のような分類表で示される多様な公差の種類があり，単純に大きさや角度のみでなく，**形状**，**姿勢**，**位置**，**振れ**といった，形状や姿勢を規制することができる。そこには，多様な公差域があり，2次元，3次元の範囲を持つことになる。今後順次紹介していくが，**図4.7**のような公差域がある。

適用形体	公差の種類	幾何特性	記号
単独形体	形状公差	真直度	⏤
		平面度	⏥
		真円度	○
		円筒度	⌭
		線の輪郭度	⌒
		面の輪郭度	⌓
関連形体（要データム形体）	姿勢公差	直角度	⊥
		平行度	//
		傾斜度	∠
	位置公差	位置度	⌖
		同軸・同心度	◎
		対称度	⌯
		線の輪郭度	⌒
		面の輪郭度	⌓
	触れ公差	円周振れ	↗
		全振れ	⌰

図4.6　幾何公差の分類の記号（JISB0021をもとに作成）

公差域の定義	公差値	公差域の形
二本の平行な直線または等間隔の曲線の間の領域	二直線または二曲線の間隔	①
二つの平行な平面または等間隔の曲線の間の領域	二平面または二曲線の間隔	②
円内の領域，球内の領域	円の直径, 球の直径	③
二つの同心円間の領域	半径の差	④
二つの同軸円筒間の領域	半径の差	⑤
円筒内の領域	円筒の直径	⑥
直方体内の領域	直方体の角辺の長さ	⑦

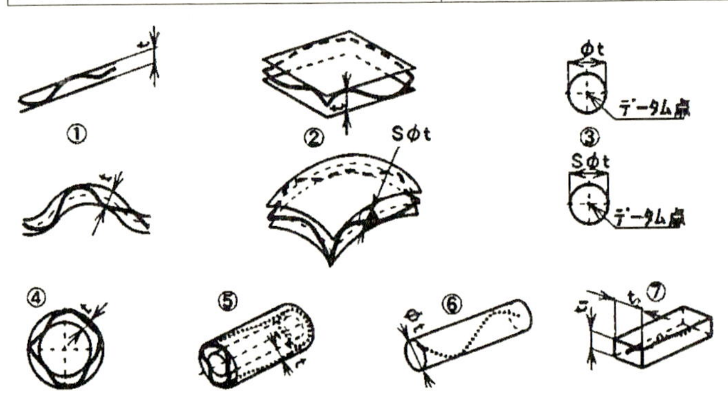

図4.7　幾何公差の公差域

(2) データムの存在の有無

寸法公差にはデータムの概念はないが，幾何公差ではデータムが重要な役割を持つ(図4.8)。データムの設定方法によっては，品質もコストも大きく影響

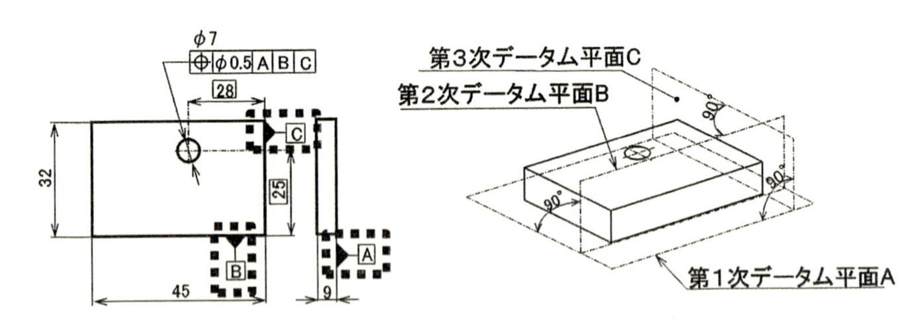

図4.8　データムの存在

を受ける。データムというのは，設計で公差を設定するための基準であり，製造・測定の基準でもあって，機能的な基準となる形体を指す。

（3）国際的工業規格との関係

ISOは国際標準化機構として，国際規格の制定・整備を行っている。JISもISOの国際規格に準じて整備されている。その他の国としては米国（ANSI），イギリス（BS），フランス（NF），ドイツ（DIN），カナダ（CSA），中国（GB）など各国で整備されている。

日本との関係がとりわけ深い米国はどうだろうか？　日本のJISに対応するのがANSIであるが，幾何公差においては機械技術者協会（ASME）の方が日本に大きな影響を与えている。

表4.1　国際規格ISOとASMEの関係

対象	米国以外	米国
規格体系	ISO　International Organization for Standardization 1982年に幾何公差関連規格として整備 TC213 Technical Committee 213　GPS規格を審議	ASME　The American Society of Mechanical Engineers ASME:Y14.41 略称GD&T(幾何公差設計法) Geometric Dimensioning and Tolerancing
寸法公差	独立の原則が適用される。ただし、Ⓔを付けると<u>包絡の条件</u>が適用されASMEの<u>テーラーの原理</u>と同じ考え方になる。	テーラーの原理(ISOでの包絡の条件)が適用される。
幾何公差	**<u>最大実体公差方式</u>を含め、基本的に共通である。** ただし、細目ではISO(JIS)とASMEとでは異なる点もある。	

表4.1は米国とそれ以外の国（欧州，アジア他）の国際規格について一覧にしてみたもので，日本のJISは，ISOに合わせる形で整備されていると記述したが，米国以外の各国での規格もISOにほぼ準じている。

表の下から2行目で国際的な規格であるISOでは寸法公差について独立の原則が適用されると記述したが，では独立の原則とはどういう事なのか紹介する。

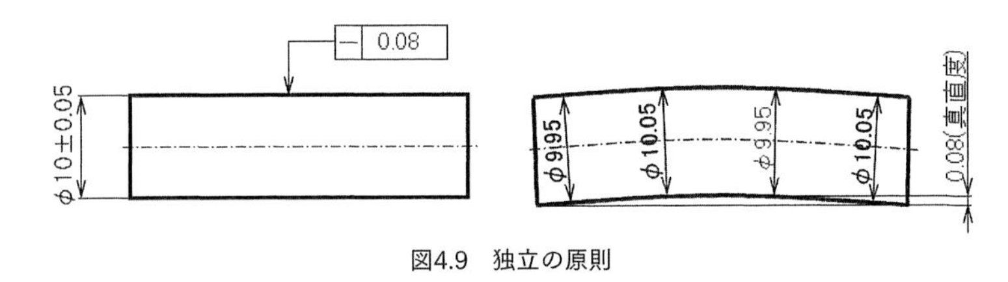

図4.9　独立の原則

例として**図4.9**の左側には，直径φ10±0.05㎜の軸を図示した。

この軸に直径を指示する寸法公差と軸の曲りを規制する幾何公差（真直度）が示されている。この寸法公差で指示された直径と幾何公差で指示された真直度とはお互いに干渉することなく独立であり，結果として直径に対し，許容された真直度が加算されて右側のように，最大許容寸法の10.05を超えることもあり得る。これが独立の原則である。

一方，ASMEでは寸法公差についてはテーラーの原理が適用される。

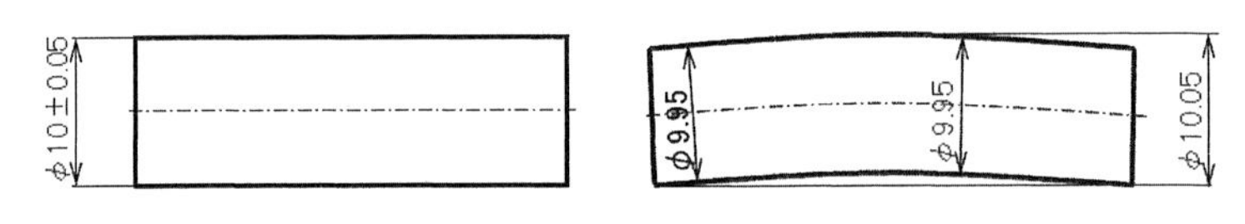

図410　ASMEのテーラーの原理

図4.10の左の直径10±0.05㎜の軸の図はASME規格で描いてある。直径はどこを測定しても，最小許容寸法のφ9.95から最大許容寸法のφ10.05に入っていなければならないのは独立の原則と同じである。しかしテーラーの原理では，この軸に曲りや変形が有ったとしても，最大許容寸法のφ10.05という完全形状の包絡面よりはみ出すことは許されない。このように寸法公差ではISOと米国ASMEとで基本原則が違っている。

ところが表4.1の幾何公差の行を見てみると，「幾何公差では最大実体公差方式を含め基本的には共通である。」となっている。これが，「**幾何公差は世界共通語**」と言われる理由であり，細かい点ではISOとASMEとで違う点はあるが，基本的な考え方は世界共通であり，図面を幾何公差で描けば世界中どこでも通用することになるということである。

36. 幾何公差の基本用語を知ろう

幾何公差で使われる用語は数多くあるが，ここでは最初に知っておいてほしい以下の用語について説明する。

幾何公差を用いた図面はグローバル化のために必須である。その最大の目的は，誰が見ても一義的な解釈が成り立つ，あいまいさの無い図面である。そのためには，注記などの言葉による説明でなく世界共通の記号を用いた表記が必要となる。ここでは，本書の内容を理解するのに必要な用語の説明から始める。

データムは，いろいろな幾何公差を指示するのに基準となる**形体**を示すもので，幾何公差の命とも言えるものだ。図面を見たらまずデータムを探すことになる。四角で囲った寸法は，「理論的に正確な寸法」で，この指示があったら，データムの位置を示しているか，何らかの幾何公差の指示がされていることになる。

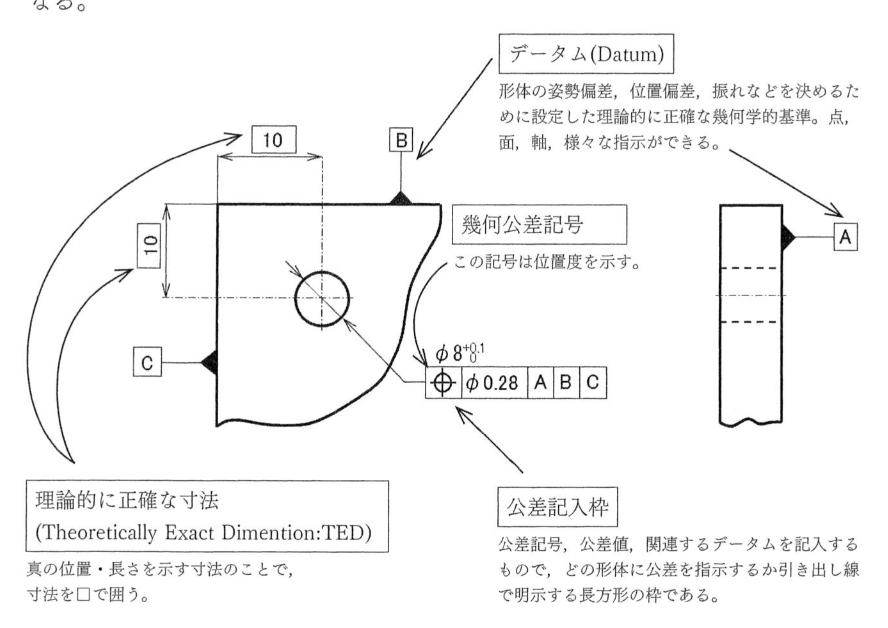

図4.11　幾何公差の用語

公差記入枠の補足

公差記入枠は形体から矢印にて引き出して，公差を記入するためのもので，サイズ寸法の公差（ここでは4×$\phi 8^{+0.1}_{0}$）もここに表わす。従来の寸法公差図面のように，寸法を示す矢印記号内に公差値の記入をしないので全体的に図面がすっきりとする。中に記入する順番は決まっていて，左から幾何公差記号，公差値，データムの順である。右に引き出しても，左に引き出してもこの順番は変わらない。また，必ず図面に対して水平方向に配置する。

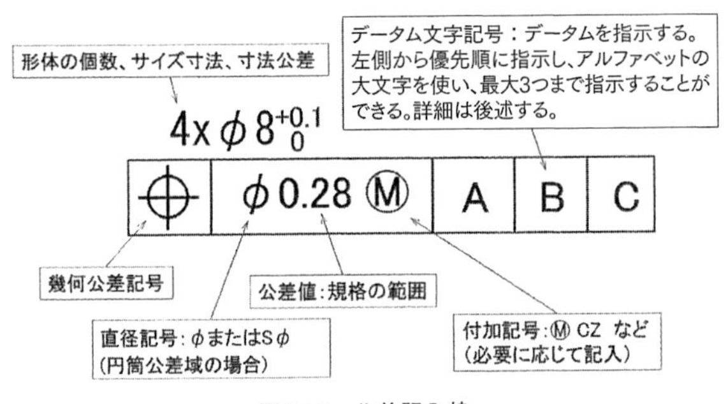

図4.12　公差記入枠

形体（Feature）

形体とは，幾何偏差の対象となる点，線，軸線，面または中心面である。形体で注意すべきは，面や線などにおいて，中心平面や中心軸線というものがデータムとして使われることである。また，それに公差指示がされるのが幾何公差図面の大きな特徴である。

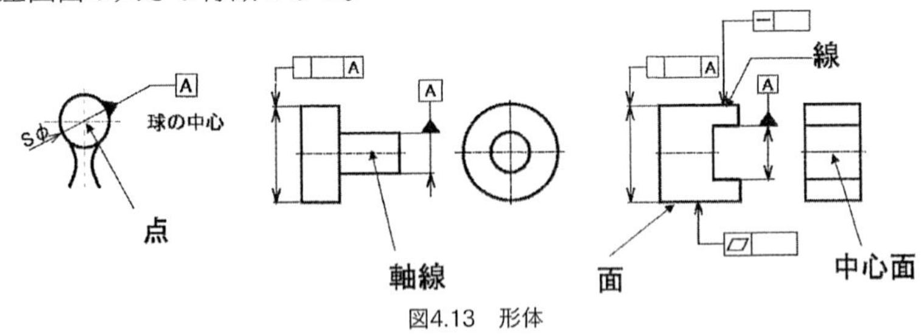

図4.13　形体

母線

柱面・錐面・回転面などの平面または曲面ができるときの，それぞれの投影図上の外形線。

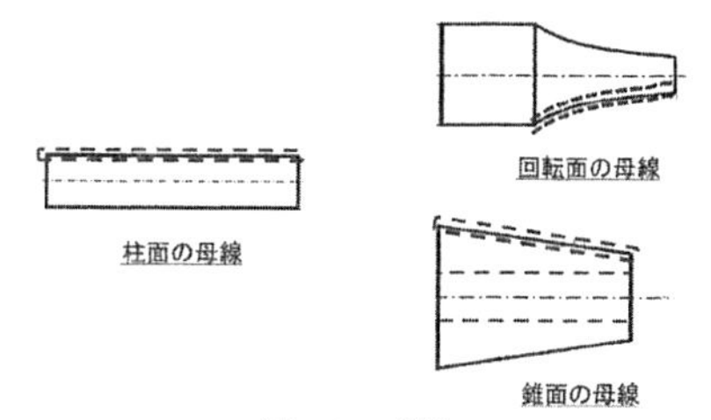

図4.14　母線

直線形体

機能上，直線であるように指定した形体（JIS B 0621）。

例１：平面の断面輪郭線，円筒の母線など

例２：軸線

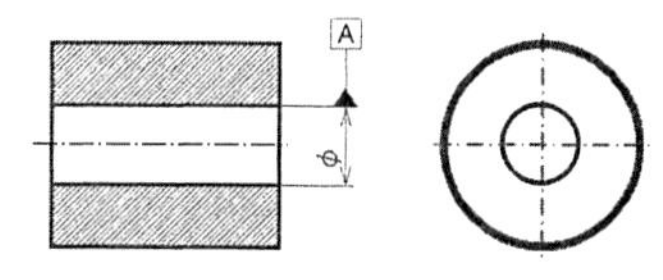

図4.15　直線形体

単独形体

データムに関連なく幾何偏差が決められる形体（JIS B 0621）。

⇒形状公差を適用

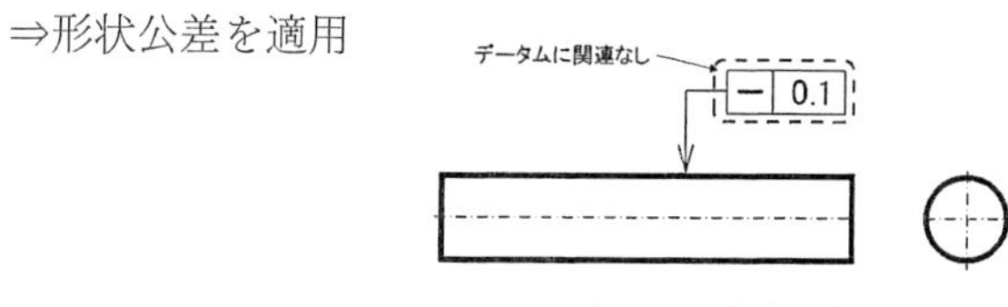

図4.16　単独形体

関連形体

データムに関連して幾何偏差が決められる形体（JIS B 0621）。

⇒姿勢・位置・振れ公差を適用，基準に対して決定される。

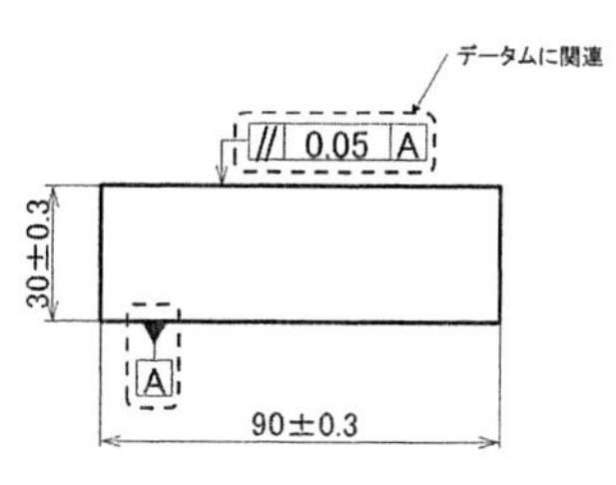

図4.17　関連形体

37. 幾何公差の基準となる線，面―データムと形体を理解する

幾何公差の中で一番重要とされるのがデータムである。理論的に正確な基準であって，データム軸直線であればどこまでも真っ直ぐであり，データム平面ならばどこまでも真っ平な平面でなければならない。設計・製造そして測定すべての基準となるのがデータムである。なお，実務においては，定盤に置いたり，測定治具にセットして測定することが多いため，「実用データム形体」を理解することは重要である。

ワークとは，設計・製造され，測定される部品で，データムを設定する対象物である。以下に，データム形体，実用データム形体，データムそれぞれについて述べる。図4.18はデータム及びデータムに関連する二つの形体を示している。

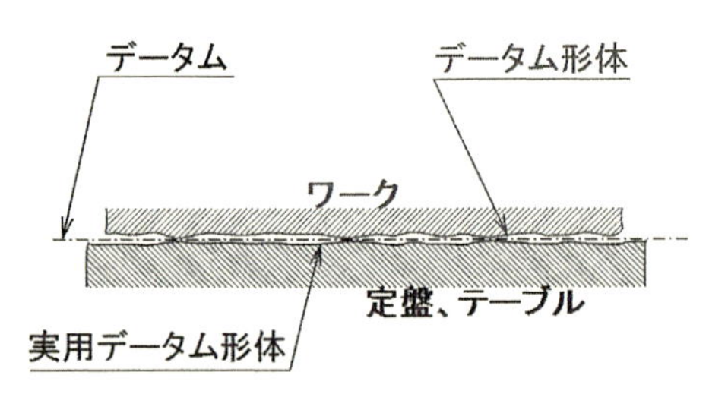

図4.18　データム及びデータムに関連する２つの形体

以下に，データム，データム形体および実用データム形体のそれぞれの言葉について，JISの定義を引きながら解説したい。

ワンポイント　3D-CAD で図面を描く最初の作業において X，Y，Z 軸の直交座標を設定するためのデータム設定と表現されるが，これは製図の一作業であって，本来の理論的に正しい幾何学的基準とは違う。

データム

データム（datum）は関連形体に幾何公差を指示するときに，その公差域を規制するために設定した理論的に正しい幾何学的基準である（JIS B 0022）。

データムとは基準であり，あくまでも正確な点（データム点），直線（データム直線），軸直線（データム軸直線），平面（データム平面），中心平面（データム中心平面）のことである。

データム形体

データムを設定するために用いる，対象物の実際の形体（部品の表面，穴など）をデータム形体（datum feature）という（JIS B 0022）。

データム形体には，加工誤差，変形，抜きテーパなどがあるので，必要に応じてデータム形体に相応しい形状公差（真直度，平面度等），姿勢公差（直角度，平行度等）を指示すると良い。実際の形体に計測器を使って直接データムを設定したいところであるが，データム形体には，加工誤差や変形があるので，データム形体はデータムにはなり得ない。よく勘違いすることがあるので注意が必要である。

実用データム形体

実用データム形体（simulated datum feature）は，データム形体に接してデータムの設定を行う場合に用いる，十分に精密な形状を持つ実際の表面である（JIS B 0022）。

十分に精密な形状を持つ実際の表面としては精密定盤や工作機械のテーブル，マンドレル（測定したい穴の径と長さに合わせて作られるピンゲージ状のもの）などが該当する。これらは一般的に幾何学的基準として十分に精度が高く，データムを模倣するものであるが，実用データム形体も同じくデータムにはなり得ない。

38. 幾何公差を理解するための最も重要な概念
—三平面データム系の構築

データムのなかでよく使われるのが**データム平面**である。そして，部品の中の穴や軸，形状の輪郭や位置を決めるためには，3つのデータム平面が必要になる。この3つのデータムを組み合わせて使用するデータムを，**データム系**という。さらに，3平面で構成される直交座標系（X.Y.Z)のことを**三平面データム系**といい，この3平面データム系を設定することを，**三平面データム系の構築**と呼ぶ（図4.19)。

三平面データム系は，第1次データム平面，第2次データム平面，第3次データム平面から構成される。データムには優先順位があり，公差記入枠の中では，優先順位にしたがって左側から指示する。

三平面データム系の構築方法は，数多くあるが，形体の輪郭や位置を指示するためには，いずれかの方法で構築しなければならない。以下では，3つの平面を構築するための代表的な4つの方法を紹介したい。

Column　データムの必要数

データムの必要数は，幾何公差を検証する際に実際の品物を設計形状に合致させる（自由度を規制する）ための数となり，最大3つになる。これから説明する4つの例は，直方体を規制するためには3平面にて規制することになるため，3つ必要としていることを示す。

例えば高さ方向だけなら1つでも良い。公差域により異なる。

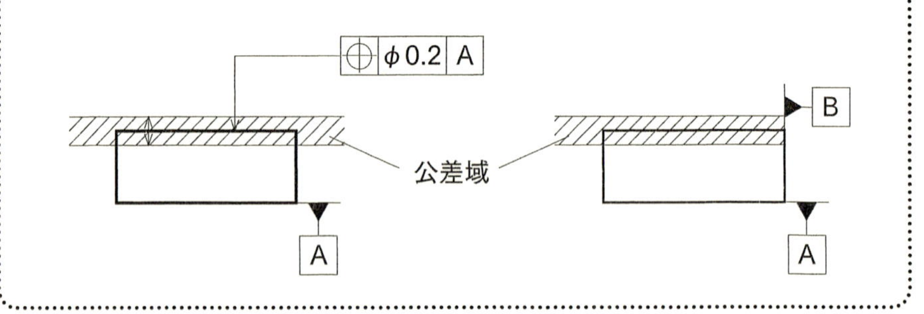

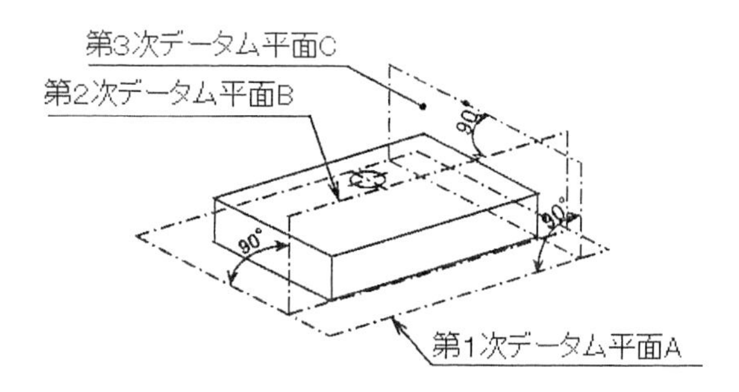

図4.19　３平面データム系の構築

（１）３平面で構築する場合

（２）１平面と２つの軸直線で構築する場合（その１）

（３）１平面と２つの軸直線で構築する場合（その２）

（４）１平面・軸直線・中心平面で構築する場合

（１）３平面で構築する場合

３平面で構成される直交座標系のことで，互いに直交する３つのデータム平面で構築する。位置，輪郭など位置公差を規制する場合に一般的に用いられる（図4.20）。

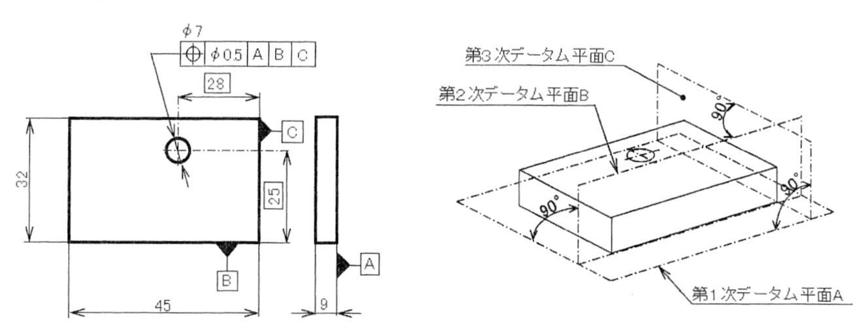

図4.20　３平面で構築する場合

(2) 1平面と2つの穴の軸直線で構築する場合(その1)

第1次データム平面として，底面のデータム平面Aを確立する。この底面のデータム平面Aに直交し，2つのφ13の穴の軸直線を含む平面を第2次データム平面であるデータム平面Bとして確立する。データム平面Aとデータム平面Bに直交し，φ13の右の穴の軸直線を含む平面を第3次データム平面であるデータム平面Cと確立する（図4.21）。

※急に難しい図例となっているが，ここでは，データムの考え方だけ注目してほしい

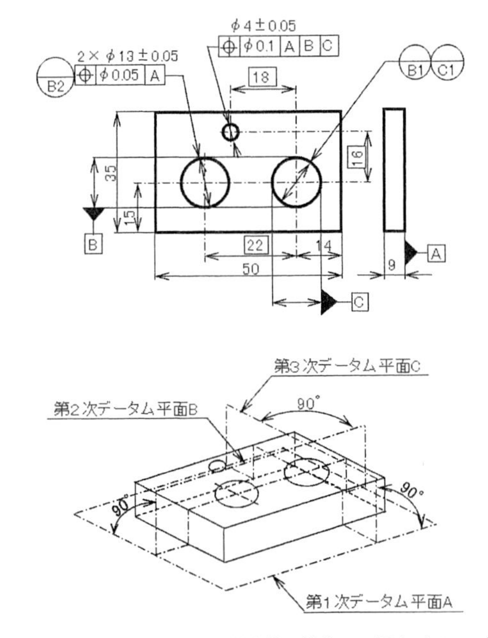

図4.21　1平面と2つの穴の軸直線で構築する場合（その1）

(3) 1平面と2つの穴の軸直線で構築する場合(その2)

第1次データム平面として，底面のデータム平面Aを確立する。このデータム平面Aに直交し，2つのφ13の穴の軸直線を含む平面を第2次データム平面であるデータム平面Bを確立する。この時点で，回転方向の自由度が残る。

データム平面Aとデータム平面Bに直交し，φ13の右の穴の軸直線を含む平面を第3次データム平面であるデータム平面Cとして確立する（図4.22）。

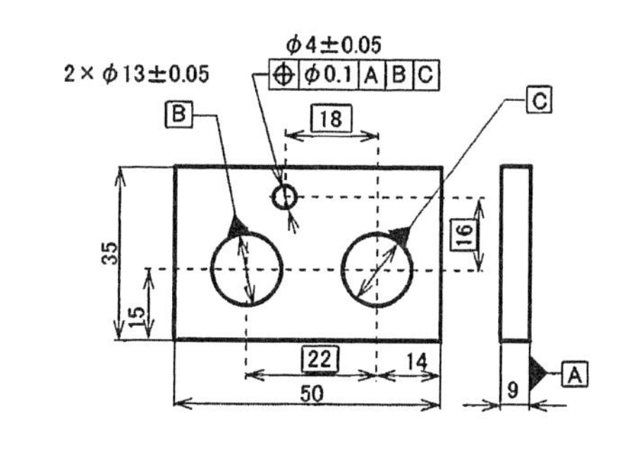

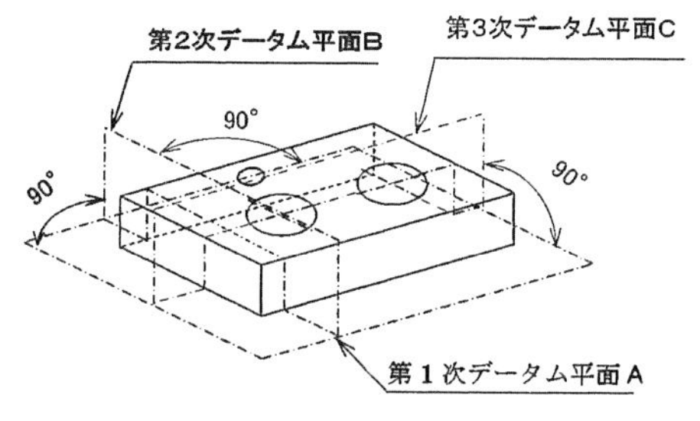

図4.22　1平面と2つの穴の軸直線で構築する場合（その2）

（4）1平面・軸直線・中心平面で構築する場合

第1次データム平面として，データム平面Aを確立する。このデータム平面Aに直交し，**データム軸直線B**を含むデータム平面Bを第2次データム平面Bとして設定する。ここでは，データム軸直線B中心に回転する自由度を持っている。データム形体Cの中心平面である**データム中心平面C**をここに追加することで第3次データム平面Cを確立でき，データム平面Cに直交するデータム平面Bを確立して3平面データム系を構築することができる（**図4.23**）。

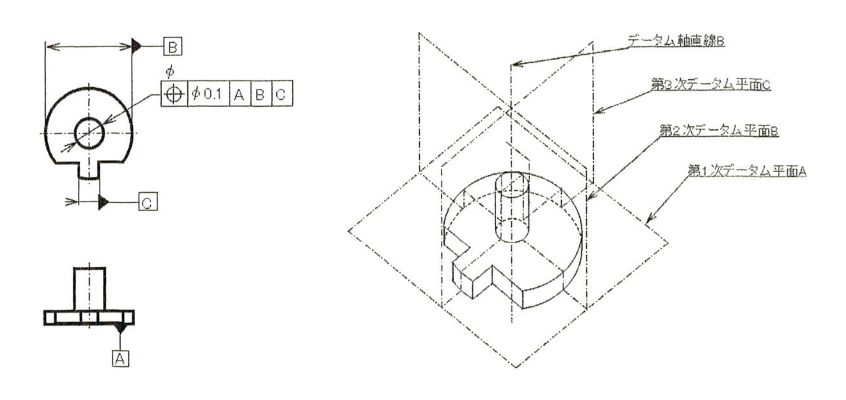

図4.23　1平面・軸直線・中心平面で構築する場合

3平面データムはX，Y，Zの座標系を設定することですか？

これは座標系の設定ではなく，設計モデル（理想的な形）と測定される品物（測定値）とをピッタリ合わせるための標準となる直交3平面と考えて欲しい。イメージ的には3D-CADのアッセンブリーで標準データムにモデルをセットすることを考えて欲しい。モデルが移動可能な自由度を持っているといつまでもアッシーの拘束が出来ない，あれと同じです。

39. データムターゲットの目的と表記方法

図4.24は，板金部品の図である。通常，平面には素材の表面性状，加工誤差，うねりなどが存在する。参考に薄い板金の断面を図4.25に示した。

この部品の第1次データム平面Aを設定する場合，図面にはデータムの位置は特に指示されていないので，測定者は任意の位置でデータム平面Aを設定することになる。材質を板金としているが，板金だと複数の表面不具合が存在しており，測定者によって測定結果が異なるということが考えられる。

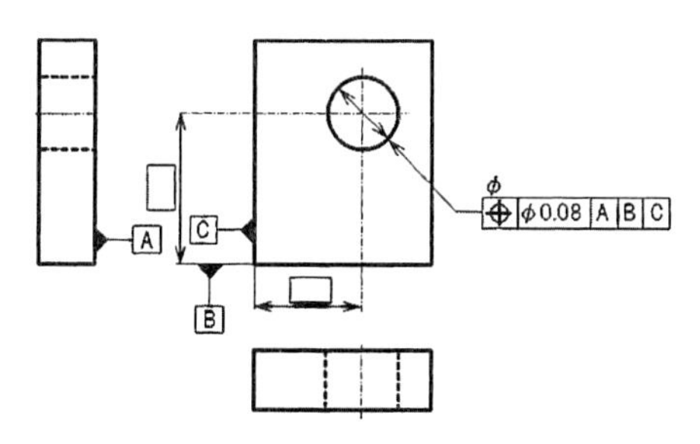

図4.24　データムターゲット指示前

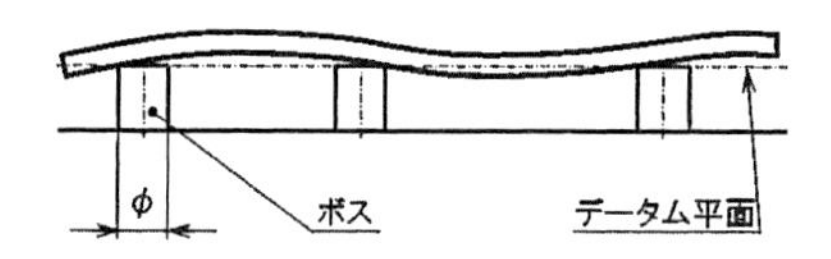

図4.25　相手部品のボスの使用例

ところで，こうした板金やプラスチック部品のように表面にうねりの発生が避けられない部品を組み込むとき，設計者はこの部品を支持する相手部品にボスを立てるなどを行って安定化をしているはずである（図4.25）。

このことがデータムターゲットの考え方なのである。すなわちデータムターゲットとは，データムを設定するのに用いる場所を明確に指示する方法である。凸凹面でも通常3点で支持すると安定する。そこで，第1次データム平面のために，3点のボスの位置を指示する。このボスの位置は設計者が決めることになるので，その位置を理論的に正確な位置として，位置を示す寸法を□（四角）で囲う。

データムターゲットの表記方法は，**図4.26**のように，**バルーン**（風船）で表示する。円を描いて，横線で上下を仕切り，下段には追番を示す。バルーンの上段にはデータムターゲットの領域・範囲を記入する。領域の範囲がバルーンの上段に書けない場合は，別記で書くようにする。また，点や線の場合は，記入不用となる。**表4.1**はデータムターゲットで用いられる記号である。それぞれの場合により，使い分ける際の参考にしてほしい。

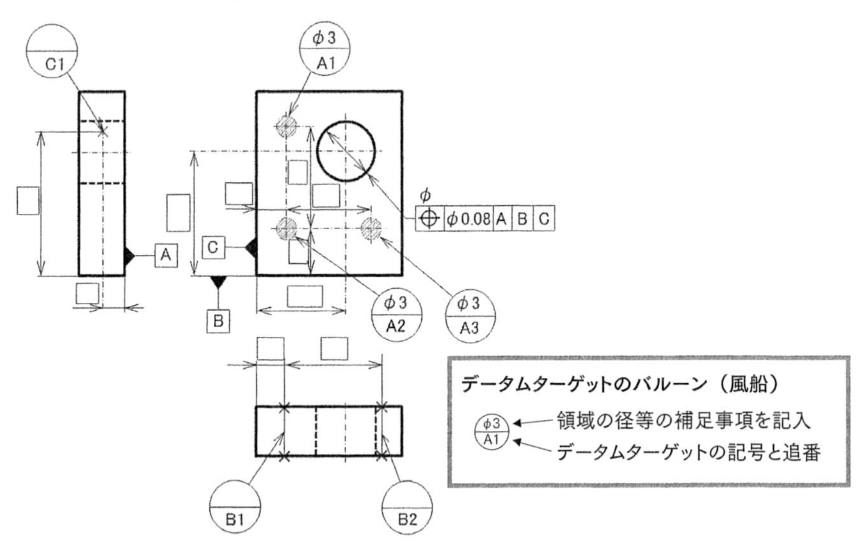

図4.26　データムターゲット指示例

表4.1　データムターゲット記号

データムターゲット	記号	備考
点	×	太い実践の×印
線	×——×	2つの×印を細い実線で結ぶ
円領域	（円形ハッチング）	細い2点鎖線で囲みハッチングを施す。ただし，2点鎖線の代わりに細い実線でも可。
四角領域	（四角形ハッチング）	

第1次データム平面Aでは，3個の領域(φ3) をデータムターゲットとしている。この場合は3個のデータムターゲットを設定しているので，追番はA1，A2，A3となる。3個の追番の振り方は自由であるが，ダブリは避ける。この例ではφ3の領域にしているので，上段にはφ3と記入する。

第1次から第3次データム平面に設定されるデータムターゲットの中心位置を理論的に正確な位置として，位置を示す寸法を□（四角）で囲う。

第2次データム平面Bは，手前の面で2本の線をデータムターゲットに設定している。データムターゲットを2個にしている理由は，データム平面Aとデータム平面Bは直交しているため，2本の線で直角面が設定できるからである。データムバルーンを2個表示し，下段B1，B2となる。線のため，上段は記入不要である。第3次データム平面Cは，1点をデータムターゲットとしている。データムターゲットを1点としている理由は，データム平面Cがデータム平面A及びデータム平面Bに対して直角であるため，1点でデータム平面Cが設定できるからである。データムバルーンを1個表示し，下段にC1を記入する。点のため上段は記入不要である。

40. 共通データムとは何か

共通データムとは，単独の形体ではデータムとして用いるのに十分なサイズがなくて，基準として正確に規制することができない場合に，複数の形体を一つの仲間としてデータムにする方法であり，ここで示すようにサイズは異なるが同軸上にある二つの軸や穴，または互いに平行な高さの異なる二つの平面などを「—」でつないで，同じ仲間としてデータムに設定することができる。

（1）共通データム軸直線

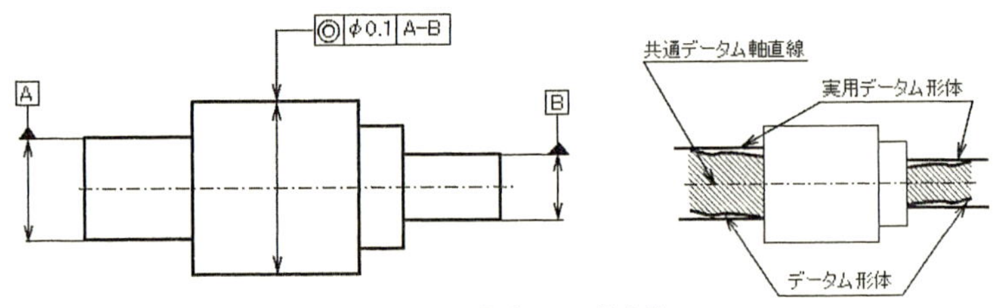

図4.27　共通データム軸直線

図4.27のように左右両方の軸をデータムとし，中央の幾何公差を規制するような場合に適用する。左側の軸直線Aと，右側の軸直線Bを共通のデータム軸直線とすることで共通データムになる。表示はA－B（Aハイフン Bと言う）となる。

（2）共通データム平面

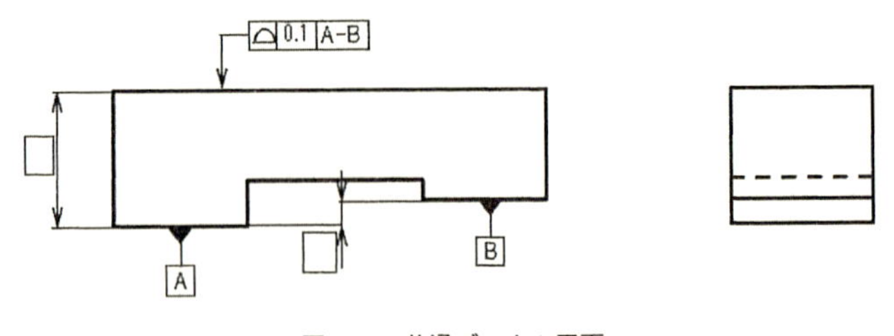

図4.28　共通データム平面

図4.28が共通データム平面の図である。図のように基準となるデータム面がデータム平面Aとデータム平面Bの両面となり，段差がある場合にもA－Bと表記することで共通データム平面A－Bとなる。

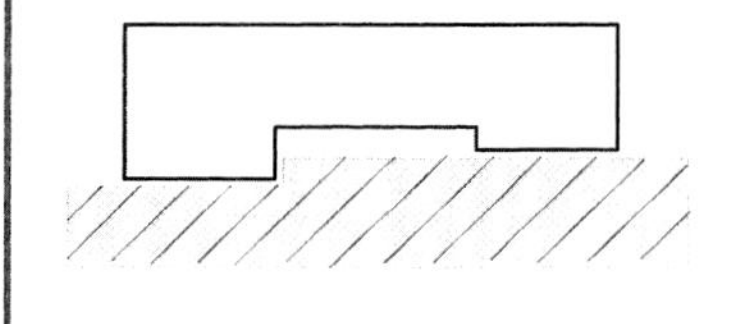

41. データムの優先順位はどう決まり，優先度が高いとどうなるのか

図4.12では，公差記入枠に記入するデータムには左から優先順位が高いことを示した。ここでは，測定上の正確性の視点でデータムの優先順位の違いを説明しているが，データムの優先順位は以下の視点で，設計者が意思をもって決める。

・機能上どのデータムの優先度が高いか，順位の高いものから重要な自由度を規制していく（これは理解しにくい概念かもしれない）

・組み立てする視点で見た時に，どこから順に規制されていくか

・測定する際の正確性の視点では，どの順で規制するのが良いか

（1）データムの優先順位がB＞Cの場合：検証結果OK

図4.29(b)に示したデータム形体は，同図 (a)に対し，変形した場合を想定したものである。外形は少し平行四辺形になり，あけた穴も凸凹がある。

データム平面A上での設定のためデータム平面B,Cで考える。まず，データム形体Bを実用データム形体に合わせる（データム平面Cよりデータム平面Bの方が優先されるため）。次に，データム形体Cを実用データム形体に合わせる。 その結果，この図では規格である公差域φ0.3の中に入っているのがわかり，この品物は検査合格となった（図4.29(b)）。

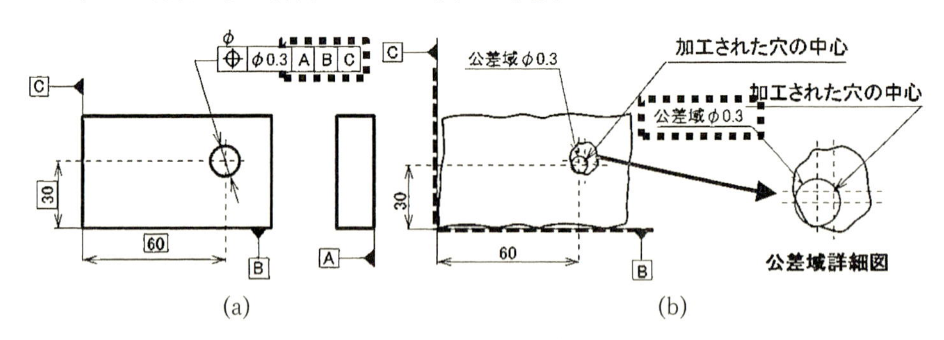

図4.29　データム優先順位（B＞C）

（2）データムの優先順位がB<Cの場合：検証結果NG

データム平面A上での設定のためデータム平面B,Cで考える。まず，データム形体Cを実用データム形体に合わせる(データム平面Bよりデータム平面Cの方が優先されるため)。次に，データム形体Bを実用データム形体に合わせる。その結果，この図では規格である公差域ϕ0.3の中から外れているため，この品物は検査不合格となる（図4.30(b))。

このように，同じ製品でもデータムの優先順位が変わることによって同一部品でも検査OK，NGの判断に違いが出てくる。

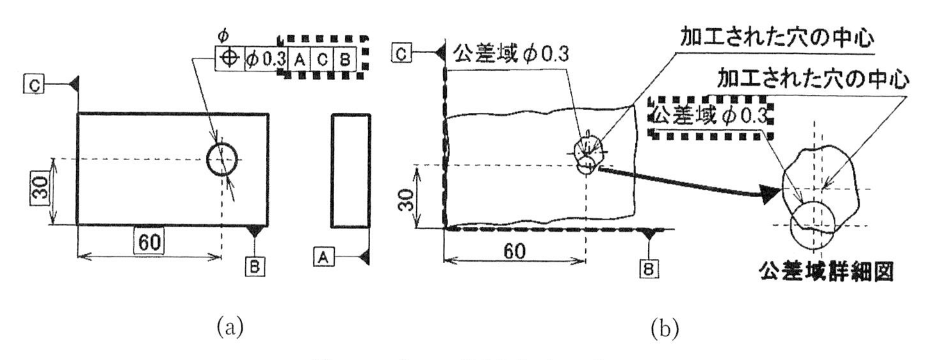

図4.30　データム優先順位（B<C）

（3）つば部と軸直線に関するデータムの優先関係(その1)

図4.31および図4.32のそれぞれ左の図は，軸部品において，データムとして設定している，つば部と軸直線に優先順位を付けている。一方，両図の右の図はデータムの設定方法である。両図とも，データムとなる軸直線Aのデータム形体とつば部平面のデータム形体とでは曲がりや傾きがある。

図4.31では，円筒部の軸直線をデータムA，つば部をデータム平面Bとしている。まず，実用データム形体として最小外接円筒を設定し，その軸直線が第1次データムのデータム軸直線Aとなる。次にデータム軸直線Aに直交し，つば部に一部接する平面が第2次データムのデータム平面Bとなる。

公差記入枠の記号は，振れ公差である円周振れを規制する幾何公差（参照：p.156）で第1次データムのデータム軸直線Aと，第2次データムのデータム平面Bを基準として，中央部の円周振れを規制している。

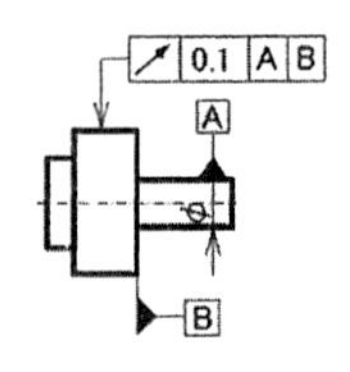

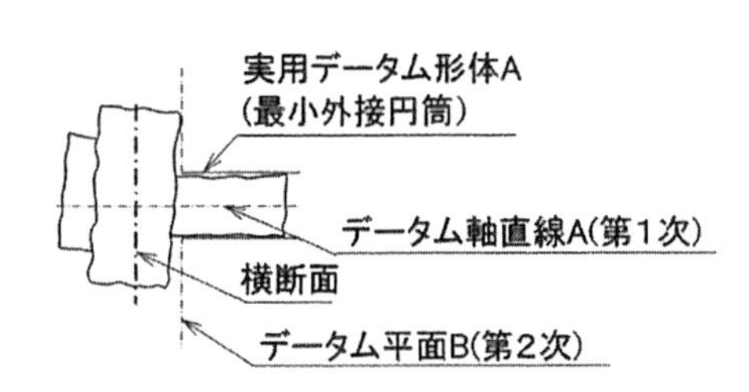

図4.31　データムの優先順位（A>B）

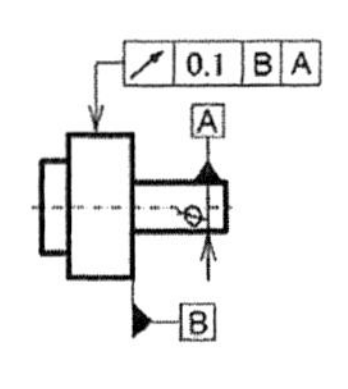

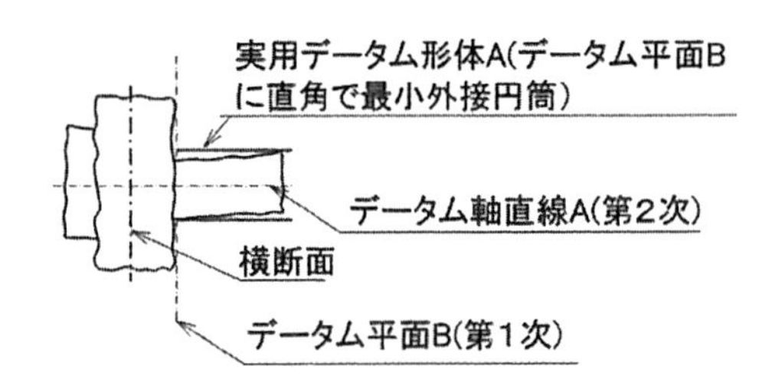

図4.32　データムの優先順位（A<B）

次につば面が優先の**図4.32**の場合を見てみよう。先ほどとの違いは，データムの優先順位である。つば部のデータム形体から，第1次データムであるデータム平面Bを設定する。次に，このデータム平面Bに直交し，軸部の最小外接円筒の中心軸直線が，第2次データムのデータム軸直線Aとなる。

そこで，第1次データムのデータム平面Bと，第2次データムのデータム軸直線Aを基準として，中央部の円周振れを規制している。

データムの優先順位が違うことで，円周振れの測定結果にも違いが出ることがわかるかと思う。

(4) つば部と軸直線に関するデータムの優先関係(その2)

図4.33はアルミ製軸受部品の図面である。幾何公差を用いて，データムの

設定と，同軸度（参照：p.150　この図の場合はデータム軸直線A基準で，右側のϕ31の穴の軸線の同軸性を規制する幾何公差）が設定されている。この図面で間違いはないが，これで確実な同軸度を保証，または正確な測定ができるか検証してみよう。

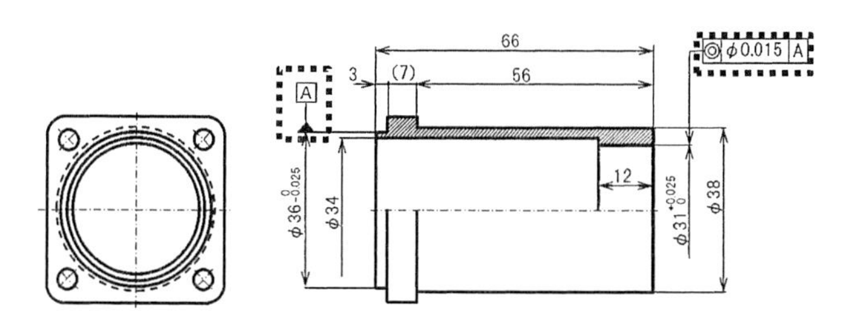

図4.33　つば部と軸直線に関するデータムの優先関係（その２）

ϕ36の径の軸直線がデータム軸直線となっているが，3mmの長さで肉厚も1mm，しかも材質はアルミである。このデータム軸直線を正確に設定することは困難である。3mmの長さ部分だけでϕ36円筒部の軸直線の傾きを検出することは非常に困難であり，結果として，この図面に基づく部品の良品率は非常に低くなる。

そこで，改めて設計意図を確認したところ，ϕ36の軸が立つフランジ面はこの軸受部品の中心軸に直角であることがわかった。

ここでp.123 “つば部と軸直線に関するデータムの優先関係（その1)” の考え方が生きてくる。つば面を第１次データム平面にすれば良いのである。データム平面に相応しい平面度0.02（例示）を指示しこれを第１次データム平面とし，最初に設定してあったデータム軸直線Aは第２次データムとし，ϕ31部の同軸度を規制するよう図面を変更した（図4.34）。

これが，基準とするデータム軸直線が不安定な場合に有効なデータム設定方法である。この変更で良品率向上が期待できる。優先順位が重要なことを再認識していただきたい。

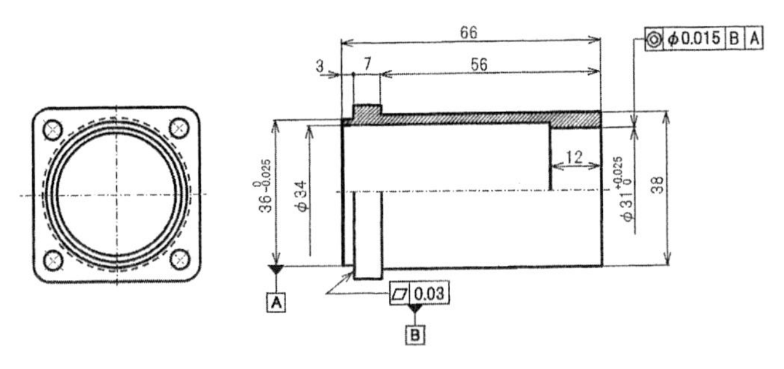

図4.34　つば部と軸直線に関するデータムの優先関係（その３）

データムに優先順位があるなんてまったく今まで考えていませんでした。

これは，幾何公差のあいまいさの排除のための考え方の一つだね。
慣れてくるとごく自然に優先順位について考えられるようになるよ。機能優先，組立優先，測定優先，それぞれどれを優先して考えるか，感覚を磨いて欲しい。

42. 様々な幾何公差の指示方法

（1）データムの記号は三角形で表わす

データムの記号は三角形である（図4.35）。正三角形，二等辺三角形，また，白抜きでも黒塗りでもOKである。ただし，三角形の形，白抜きか黒塗りかについては，図面内は必ず統一するのが原則である。なお，黒塗りの方が視認性に優れているため，黒塗りをお勧めする。

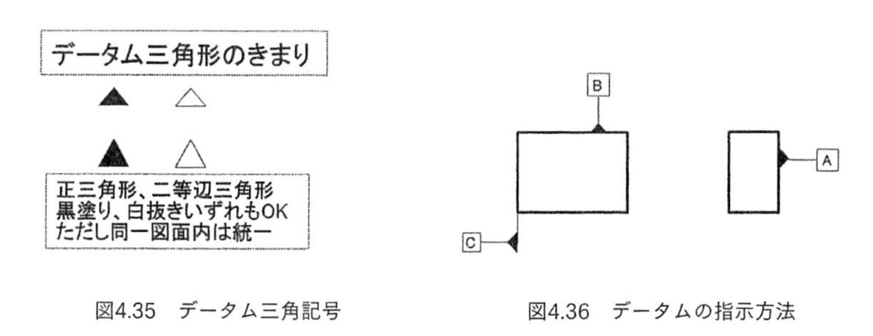

図4.35　データム三角記号

図4.36　データムの指示方法

そしてデータムの記号から補助線を出して，正立のデータム文字を正方形で囲んでその正方形に結ぶ（図4.36）。データムの文字は英語のアルファベットの大文字のみ使用可である。例えば，データムにAを使っている場合，同じ図面内で断面図にAを使うというような重複は，データムの記号の意味が曖昧になり，図面として完成度が低いとみなされる場合もあるので避けて欲しい。

（2）幾何公差・データムの指示の仕方

公差記入枠は，幾何公差で規制したい形体（形体に続けた寸法補助線上も可）に矢印で指し，1回折れ曲がって（折れ曲がらない場合もある），水平に公差記入枠の中央部に繋げる。寸法記入枠の左右いずれも可である。公差記入枠は水平方向に描く。データム三角記号は，外形形体に直接，または寸法補助線を出して，そこに記入する。寸法補助線に▲記号を付ける場合，向きは問わない。しかし，外形形体に直接▲記号を付ける場合は，図4.37(a)，(b)のように，外形の外側に付けるのが一般的である。(c)の投影面に指示する場合は矢印の代わりに点を用いる。

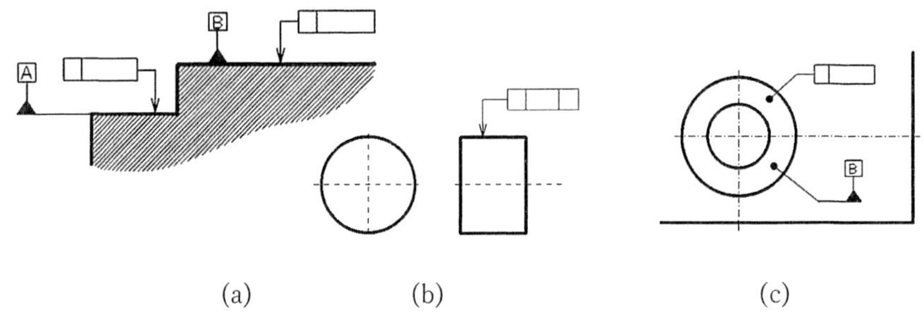

図4.37　形体に対する表記方法

(3) 形体の軸線・中心面に指示する

図4.38(a)は右側円の中心点をデータム点とし，左側の円筒部の軸線(中心点)にその軸線(中心点)を規制する幾何公差を指示する方法である。(b)は右側円筒部の軸直線をデータム軸直線とし，左側の円筒部の軸線を規制する幾何公差を指示する方法である。(c)は，角形の部品で，切り欠き部の中心面をデータム中心平面とし，左側の板の厚みの中心面に規制する幾何公差を指示する方法である。このように，データムに関する図示方法は同じでも，指示する形体によってデータムは軸直線であったり，平面であったりする。

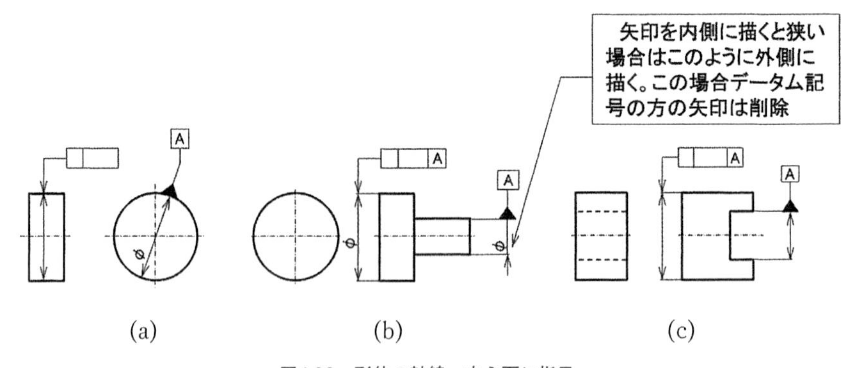

図4.38　形体の軸線・中心面に指示

図4.39は，データムの指示方法が間違っている場合，図4.40は指示方法が

正しい場合である。図4.39(a)で軸直線をデータムにしたい場合は，図4.40(a)のように寸法線の延長上に指示する。古いJISでは，図4.39(b)の表示方法を用いたときもあるが，現在は使用できない。ただし，図4.40(b)のようにデータムをテーパ軸の軸直線に設定したい場合のみ，中心線にデータム▲記号を付けることができる。

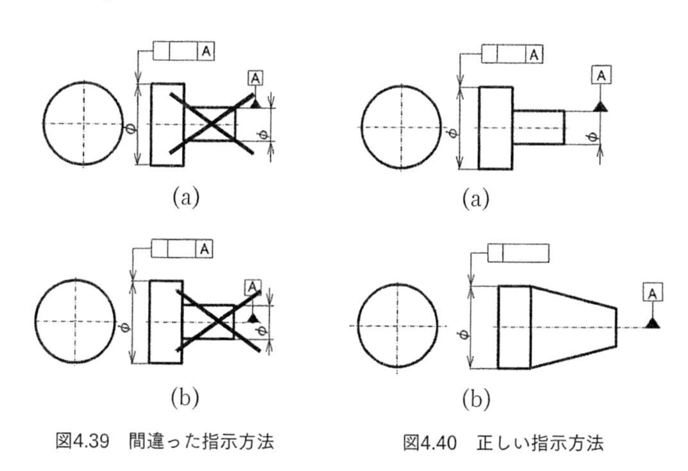

図4.39　間違った指示方法

図4.40　正しい指示方法

（4）投影面の軸線に指示する

図4.41は，投影図のデータム軸直線や軸線を指示する方法である。(a)(b)は，データム軸直線を指示する方法で，(c)の図は，軸線に幾何公差を指示して，データム軸直線に指示する方法を示している。

図4.41(a)は，直径を示す寸法線の片側の矢印部にデータム▲記号を付き当てる形で表示し，引き出し線を使ってデータムのアルファベットを繋げる。図4.41(b)は，直径を示す寸法線の片側の矢印部に引き出し線を付き当て，データム▲記号を付ける。

図4.41(c)は，直径を示す寸法線の片側の矢印部に引き出し線を付き当て，公差記入枠に繋げることで軸線を規制する幾何公差を指示する方法で，公差記入枠の枠外にデータム▲記号を付け，公差記入枠で規制された形体をデータムと設定する方法である。

ワンポイント　直径を示す寸法線とデータム・幾何公差の指示線は一直線に描く。
データム記号▲は，公差記入枠の中央部（上下方向とも可）に付けるのがルールである。

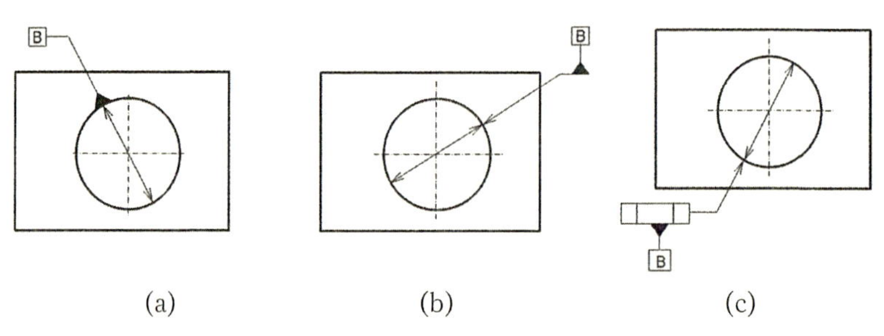

図4.41　投影面の軸線に指示

（5）形体の限定された部分に指示する

図4.42は，形体の限定した部分に幾何公差・データムを指示する方法である。(a)は，断面図に指示する方法であるが，一部にデータムまたは幾何公差を指示する場合は，太い1点鎖線で限定場所を示し，その寸法を指示する。その上で，この1点鎖線上に幾何公差・データムを指示する。(b)は，投影面に指示する方法で，一部のエリアに幾何公差やデータムを指示する場合は，太い1点鎖線で限定場所を示し，そのエリアの位置を寸法で指示する。その上で，矢印の代わりに点を使ってデータム及び幾何公差を指示する箇所を指定し，引き出し線で引き出し，そこに幾何公差・データムを指示する。

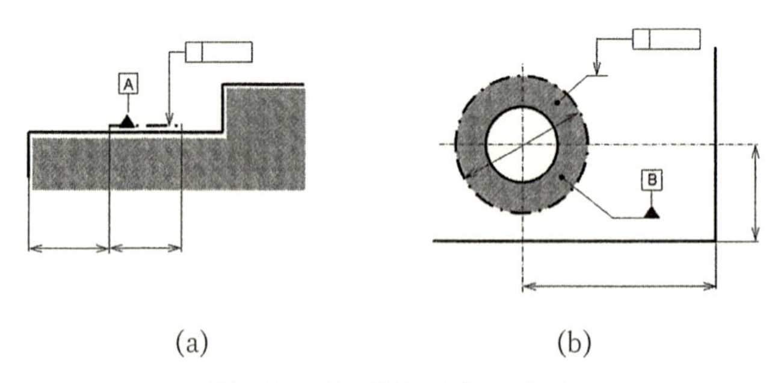

図4.42　形体の限定した部分に指示

(6) 共通公差域を指示する

図4.43は，共通公差域の指示方法を示している。(a)は図例であり，平面度0.06CZと表記してある。このCZは，Common Zoneの頭文字で，共通公差域を意味する。平面度0.06だけの表記の場合は，2カ所に分かれている上面がお互いに関係無く別々に平面度公差域0.06以内で規制されるのに対し，公差値の後にCZが付くと，(b)のように共通の平面度公差域0.06以内に規制される。この共通公差域は，他の多くの幾何公差で適用できる。

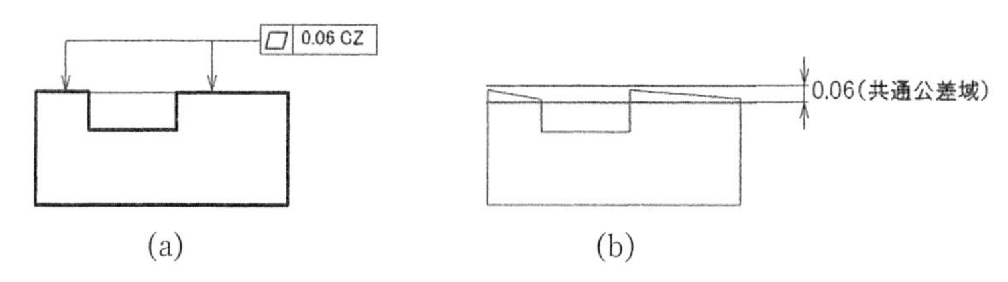

図4.43　共通公差域の指示

(7) 輪郭度の全周指示をする

幾何公差のなかで，輪郭度は唯一，全周指示という特殊な規制ができる。図4.44が線の輪郭度で，図4.45が面の輪郭度である。いずれも，(a)図が全周指示の図例で，引き出し線と公差記入枠への補助線との折れ曲がり部に小さな○が付いている。これが輪郭度の全周指示の記号である。

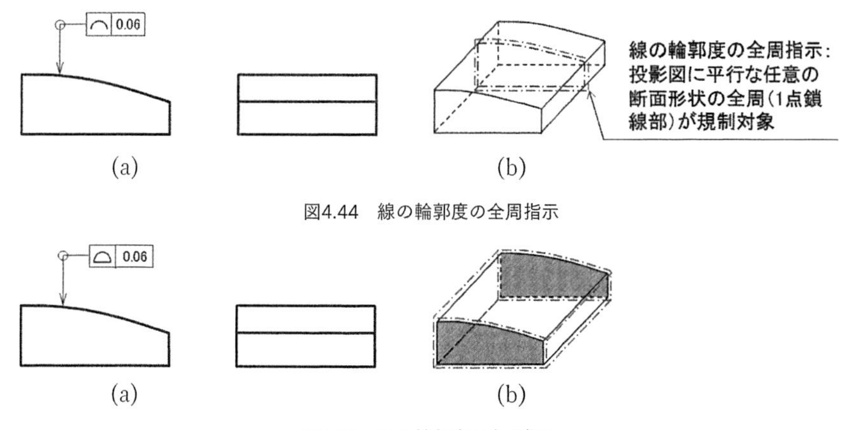

図4.44　線の輪郭度の全周指示

図4.45　面の輪郭度の全周指示

線の輪郭度の場合は，輪郭度指示をしてある投影図の投影面に平行な任意の断面（図4.44(b)を参照）をとり，その外周を線ととらえて形状を規制する。全周指示なので，1点鎖線部分が規制対象となる。面の輪郭度の場合は，輪郭度を指示した投影面の外形形状全周全面が規制対象となる。図4.45(b)では，1点鎖線部となるが，ハッチングを施した部分は，輪郭度を指示した投影面の外形全周の対象にはなっていない。つまり，このハッチング部は輪郭度の指示対象とはならない。

43. データムによらない幾何公差 ― 様々な形状公差（その1）

ここでは，データムに関連しない形状公差について紹介する。具体的には「真直度」「平面度」「真円度」「円筒度」「線の輪郭度」「面の輪郭度」の6種類であり，それぞれについて紹介する（p.103の図4.6参照）。

形状公差は形体そのものの正確さを表現するものであり，基準としての正確性が必要なデータム形体の正確性を規制する際に重要な役割を持つ。

また，光の反射方向を規制するとか，カムが動く際の軌跡を正確に規制する（平面度，真直度，輪郭度）際にも有効に使うことができる。

形状公差は他の形体との関係を規制せずに，対象である形体そのものに求める精度を規制する。よって，後述する，姿勢公差，位置公差，振れ公差との違いは，データム（基準）を必要としないことである。真直度，平面度，真円度，円筒度，線の輪郭度，面の輪郭度の6種類があるが，寸法公差全盛時代から馴染みのある公差である。形体そのものの精度を規制するが，幾何公差において注目すべきは，一般的にデータムとなる形体には基準とするのにふさわしい精度を必要とするので，データム形体の精度規制に有効に使うべきこと，また，幾何公差では，穴や円筒の中心軸や，角形状の中心平面などにも適用されることが多いことである。

（1）真直度

記号：―

真直度とは，直線形体の幾何学的に正しい直線からの狂いの大きさをいう
（JIS B 0621）

主な図示方法と解釈

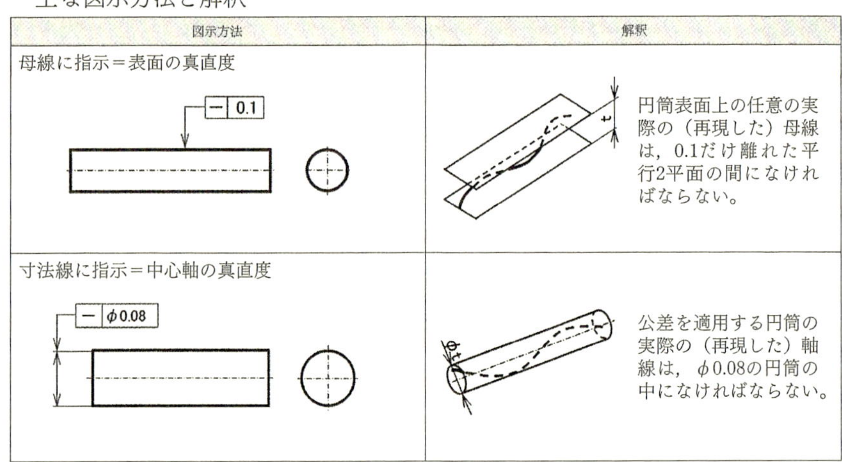

図示方法	解釈
母線に指示＝表面の真直度 0.1	円筒表面上の任意の実際の（再現した）母線は，0.1だけ離れた平行2平面の間になければならない。
寸法線に指示＝中心軸の真直度 ϕ0.08	公差を適用する円筒の実際の（再現した）軸線は，ϕ0.08の円筒の中になければならない。

形体の真っ直ぐさを規制する公差だが，外殻形体（表面または表面上の線）だけでなく，誘導形体（中心軸，中心平面）へ適用できることを有効に使うべきである。また，測定の簡便さなどから平面度との使い分ける必要がある。

（２）平面度

記号：▱

平面度とは，平面形体の幾何学的に正しい平面からの狂いの大きさをいう（JIS B 0621）

主な図示方法と解釈

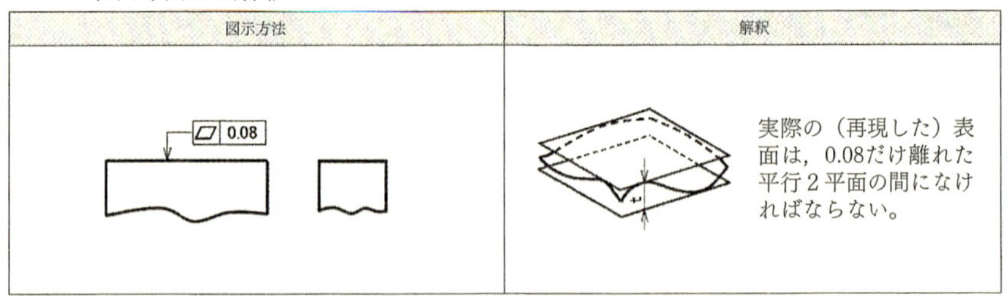

図示方法	解釈
0.08	実際の（再現した）表面は，0.08だけ離れた平行２平面の間になければならない。

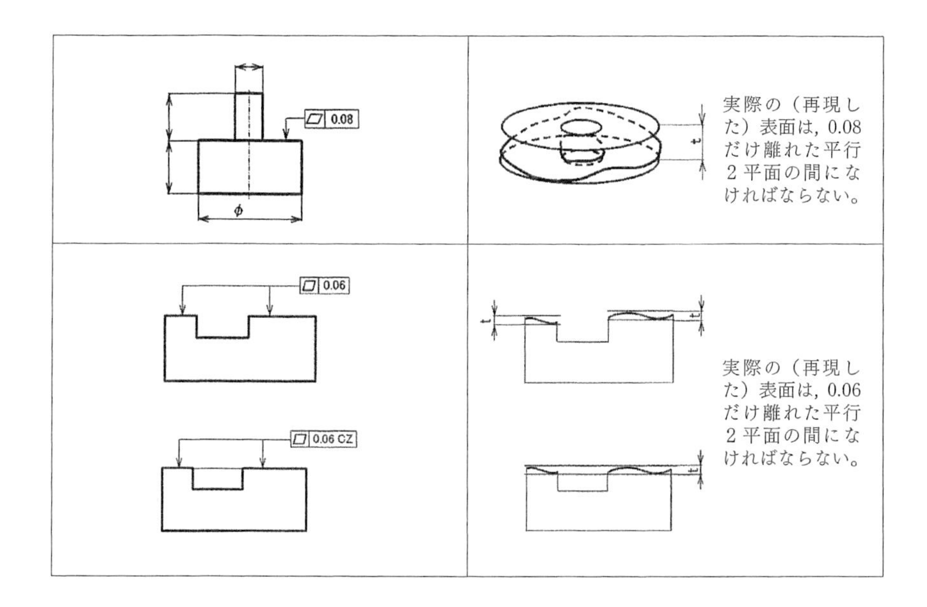

形体の平らさを規制する公差で，従来より使われている馴染みの深い公差である。平面がデータムとして設定される例が多いので，データムにふさわしい精度規制をするのに用いられることが多く，必要な平面度指示を行ったうえで，そのデータムを，参照データムとして，公差記入枠へ記入する例を覚えておいて欲しい。

（3）真円度

記号：◯

真円度とは，円形形体の幾何学的に正しい円からの狂いの大きさをいう
（JIS B 0621）

主な図示方法と解釈

<table>
<tr><th>図示方法</th><th>解釈</th></tr>
<tr><td>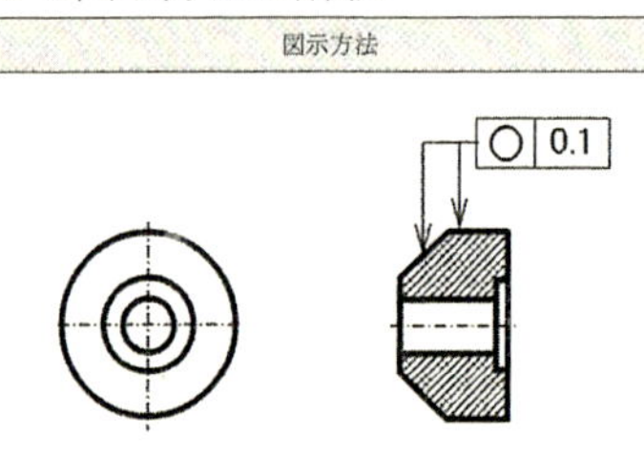

円筒及び円すい表面の任意の横断面において，実際の（再現した）半径方向の線は半径距離で0.1だけ離れた同一平面上の同心の2つの円の間になければならない。</td><td rowspan="2">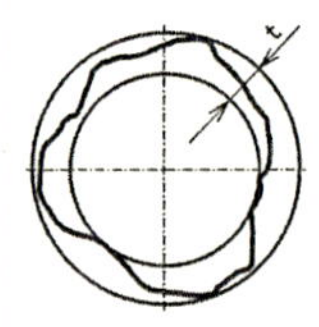

軸直線に直角な横断面において，公差域は半径距離でtだけ離れた同一平面上の同心の2つの円によって規制される。

（参考）真円度の中心の主な定義方法
（1）最小自乗平均法（主として用いる）
（2）最小領域法
（3）面積重心法
（4）内接円法
（5）外接円法</td></tr>
<tr><td>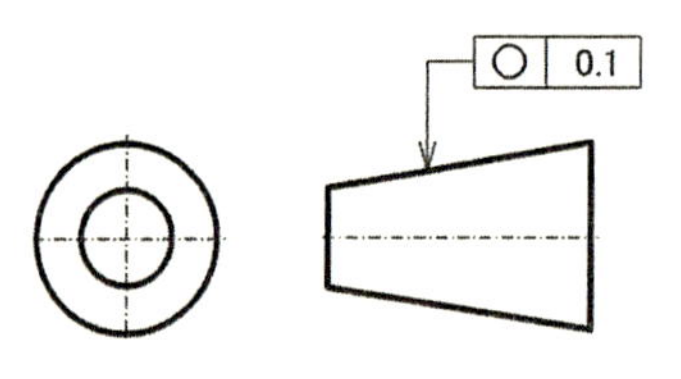

円すい表面の任意の横断面（軸直線に直角）において，実際の（再現した）半径方向の線は半径距離で0.1だけ離れた同一平面上の同心の2つの円の間になければならない。</td></tr>
</table>

44. データムによらない幾何公差 — 様々な形状公差（その2）

（1）円筒度

記号：⌭

円筒度とは，円筒形体の幾何学的に正しい円筒からの狂いの大きさをいう
（JIS B 0621）

主な図示方法と解釈

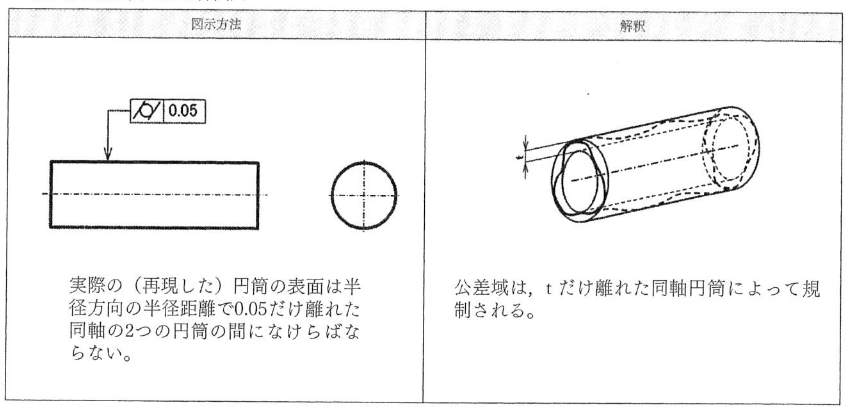

真円度，円筒度とも形体の丸さを規制する公差で，違いは，真円度が任意の断面への規制であることに対して，円筒度は円筒全面への規制であることだ。また，真円度は任意の断面への指示であるから，テーパ形状の円錐に対しても適用できる。この公差も，丸穴，円筒軸をデータムに設定する際に，その形体の備えるべき精度の規制に有効である。

（2）線の輪郭度

記号：⌒

線の輪郭度とは，理論的に正確な寸法によって定められた幾何学的に正しい輪郭からの線の輪郭の狂いの大きさをいう（JIS B 0621）

主な図示方法と解釈

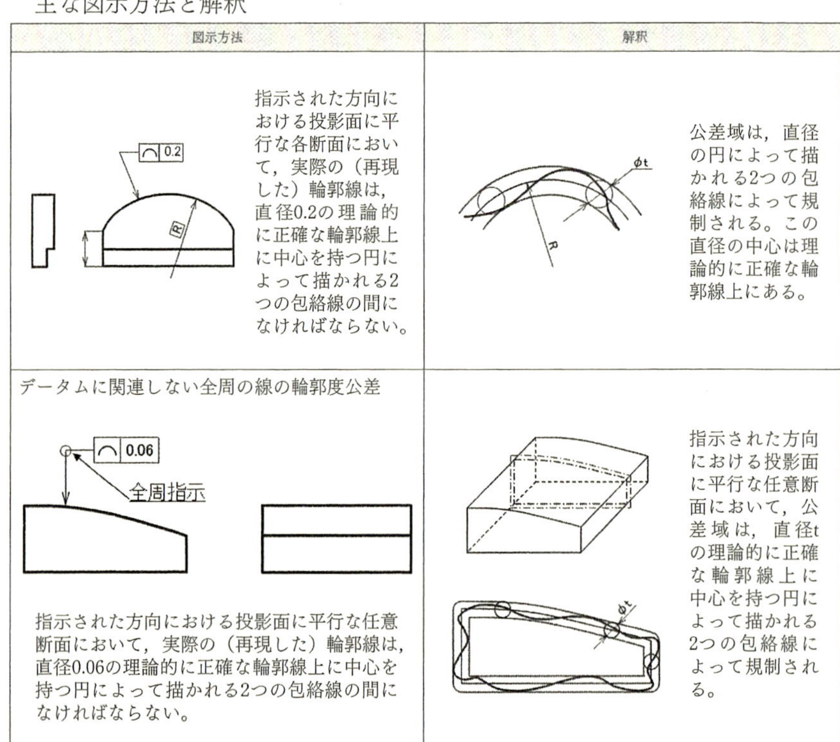

図示方法	解釈
指示された方向における投影面に平行な各断面において，実際の（再現した）輪郭線は，直径0.2の理論的に正確な輪郭線上に中心を持つ円によって描かれる2つの包絡線の間になければならない。	公差域は，直径の円によって描かれる2つの包絡線によって規制される。この直径の中心は理論的に正確な輪郭線上にある。
データムに関連しない全周の線の輪郭度公差 指示された方向における投影面に平行な任意断面において，実際の（再現した）輪郭線は，直径0.06の理論的に正確な輪郭線上に中心を持つ円によって描かれる2つの包絡線の間になければならない。	指示された方向における投影面に平行な任意断面において，公差域は，直径tの理論的に正確な輪郭線上に中心を持つ円によって描かれる2つの包絡線によって規制される。

（3）面の輪郭度

記号：⌓

面の輪郭度とは，理論的に正確な寸法によって定められた幾何学的に正しい輪郭からの面の輪郭の狂いの大きさをいう（JIS B 0621）

主な図示方法と解釈

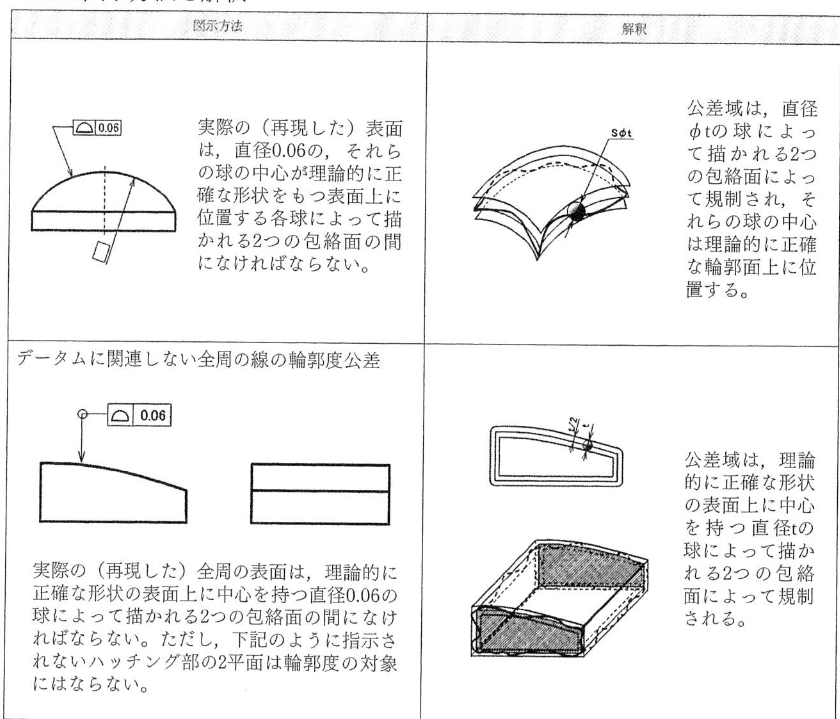

図示方法	解釈
実際の（再現した）表面は，直径0.06の，それらの球の中心が理論的に正確な形状をもつ表面上に位置する各球によって描かれる2つの包絡面の間になければならない。	公差域は，直径ϕtの球によって描かれる2つの包絡面によって規制され，それらの球の中心は理論的に正確な輪郭面上に位置する。
データムに関連しない全周の線の輪郭度公差 実際の（再現した）全周の表面は，理論的に正確な形状の表面上に中心を持つ直径0.06の球によって描かれる2つの包絡面の間になければならない。ただし，下記のように指示されないハッチング部の2平面は輪郭度の対象にはならない。	公差域は，理論的に正確な形状の表面上に中心を持つ直径tの球によって描かれる2つの包絡面によって規制される。

この両者は外殻形体（表面）に対して規制するものであるが，データムをともなった姿勢公差，位置公差としても適用される。形状公差としての輪郭度はデータムに対する相対位置とは無関係に，単純に形体の理想形状に対する精度を規制するので，データムに対しての傾きなどの誤差は不問となる。また，線の輪郭度と面の輪郭度の使い分けは，任意の断面に対する規制か，面全体に対する規制かの違いであり，加工方法による期待精度などにより使い分けを考えればよい。

近年注目すべきは，この輪郭度を，真円度，平面度の代わりに用いるなど，他の公差に取って代わる指示をする設計者が増えてきたことである。ルール上はまったく問題ないのであるが，周囲の慣れを考えると，設計意図の伝わり方には課題もありそうである。

線の輪郭度と面の輪郭度の違いは，前者が任意の断面に対する指示であるのに対して，後者は面全体への指示であることである。これは真円度と円筒度の関係で，後ほど出て来る円周振れと全振れの関係と同様である。その使い分けであるが，加工方法，工程能力要求精度によって決めるべきものである。

例えば図のような形状に対する指示の場合，この加工方法がプラスチックの射出成形やダイキャストの場合は面全体を規制しないと精度保証出来ないが，治具グラインダのように工具形状で保証出来るものは任意の断面で規制すればOKであるので，線の輪郭度指示で良い。

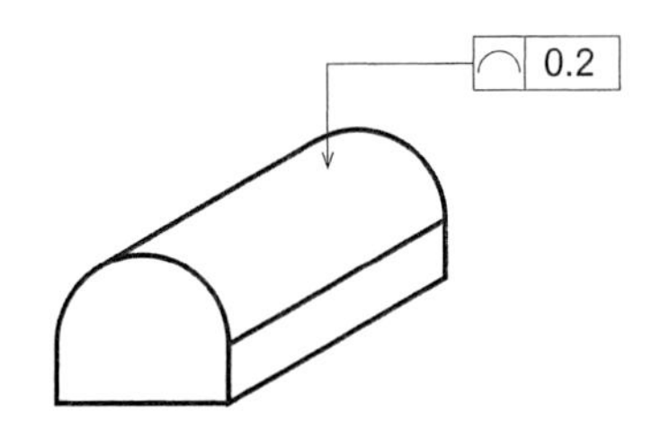

また，この場合でも傾斜成分まで規制するためには面の輪郭度指示が必要である。

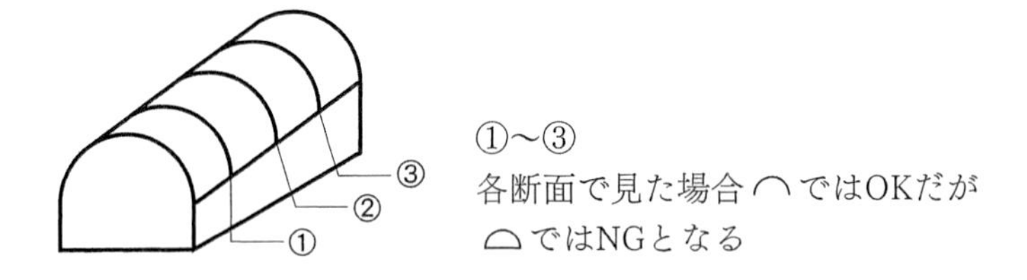

45. 姿勢のばらつきの許容値を決める―様々な姿勢公差

前項では，データムに関連しない幾何公差である形状公差について説明してきた。ここでは，データムに関連する幾何公差である姿勢公差の「平行度」「直角度」「傾斜度」の3種類の公差について紹介する（p.103図4.6参照）。

姿勢公差は，あるデータムに対して対象となる形体の姿勢を規制するもので，端的にはデータムに対する角度を指示している。それが直角であれば直角度であり，特定の角度であれば傾斜度となる。ここで注意すべきは，データムに対する姿勢のみを規制していて，データムとの位置は不問であることである。

姿勢公差は，データムを有するが，文字通り姿勢を規制しているのみであるから，あるデータムに対する直交性，平行性，傾斜の度合いを規制しているのみで，データムに対する位置を規制していない。したがって，データムは最大二つ必要で，三つは不要である。形状公差のみでなく，姿勢公差もデータム形体に備えるべき精度を規制するという役割を持つ。形状公差で規制した第1次データムに対して，それに対する姿勢公差で規制された第2次データムが指示されることが多い。

（1）直角度

記号：⊥

直角度とは，データム直線またはデータム平面に対して直角な幾何学的直線または幾何学的平面からの直角であるべき直線形体または平面形体の狂いの大きさをいう（JIS B 0621）

主な図示方法と解釈

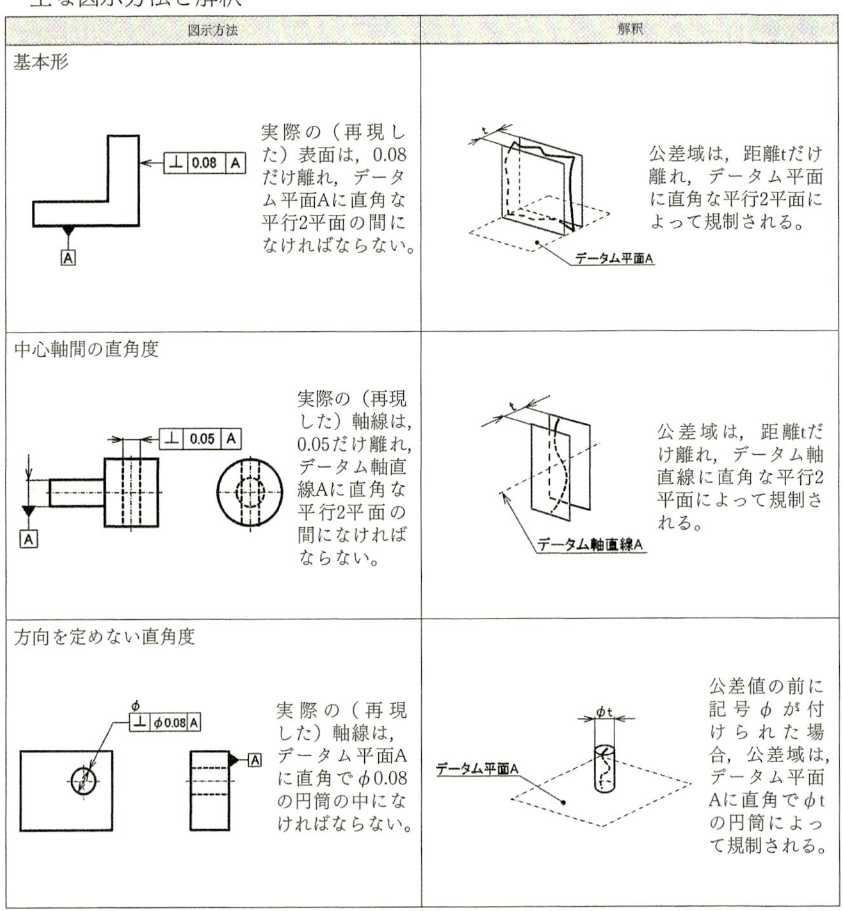

図示方法	解釈
基本形 実際の（再現した）表面は，0.08だけ離れ，データム平面Aに直角な平行2平面の間になければならない。	公差域は，距離tだけ離れ，データム平面に直角な平行2平面によって規制される。
中心軸間の直角度 実際の（再現した）軸線は，0.05だけ離れ，データム軸直線Aに直角な平行2平面の間になければならない。	公差域は，距離tだけ離れ，データム軸直線に直角な平行2平面によって規制される。
方向を定めない直角度 実際の（再現した）軸線は，データム平面Aに直角でφ0.08の円筒の中になければならない。	公差値の前に記号φが付けられた場合，公差域は，データム平面Aに直角でφtの円筒によって規制される。

直角度は文字通り，ある形体のデータムに対する直角性を規制する公差である。「垂直度」とも呼ばれている。基本的にデータムは一つあれば良いが，公差域の方向性を明確に定義するためにはデータムを二つ用いた方が良い。また，従来慣れ親しんでいない適用例としては，誘導形体（中心軸，中心平面）への適用が幾何公差の普及とともに増えてきたことである。

（2）平行度

記号：//

平行度とは，データム直線またはデータム平面に対して平行な幾何学的直線または幾何学的平面からの平行であるべき直線形体または平面形体の狂いの大きさをいう（JIS B 0621）

主な図示方法と解釈

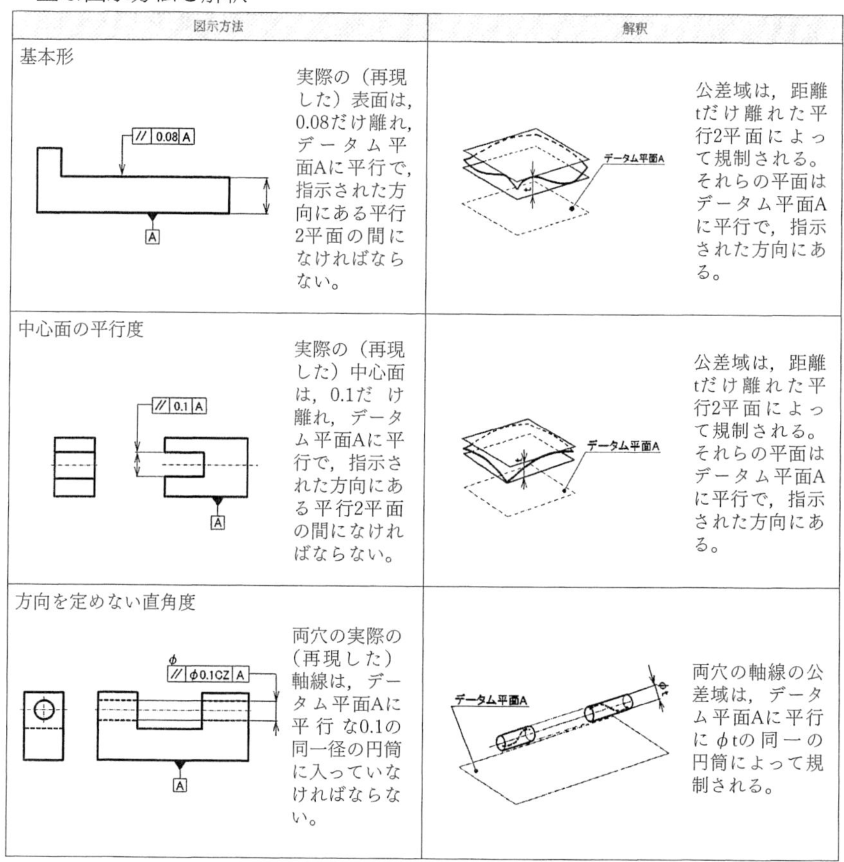

図示方法	解釈
基本形 実際の（再現した）表面は，0.08だけ離れ，データム平面Aに平行で，指示された方向にある平行2平面の間になければならない。	公差域は，距離tだけ離れた平行2平面によって規制される。それらの平面はデータム平面Aに平行で，指示された方向にある。
中心面の平行度 実際の（再現した）中心面は，0.1だけ離れ，データム平面Aに平行で，指示された方向にある平行2平面の間になければならない。	公差域は，距離tだけ離れた平行2平面によって規制される。それらの平面はデータム平面Aに平行で，指示された方向にある。
方向を定めない直角度 両穴の実際の（再現した）軸線は，データム平面Aに平行な0.1の同一径の円筒に入っていなければならない。	両穴の軸線の公差域は，データム平面Aに平行にϕtの同一の円筒によって規制される。

平行度も平面度と並び，かつてから一般的に使われていた代表的な幾何公差である。ただ，直角度と同様に誘導形体への適用例が増えており，幾何公差としての平行度の有効性が注目されている。

（3）傾斜度

記号：∠

> 傾斜度とは，データム直線またはデータム平面に対して理論的に正確な角度をもつ幾何学的直線または幾何学的平面からの理論的に正確な角度を持つべき直線形体及び平面形体の狂いの大きさをいう（JIS B 0621）

主な図示方法と解釈

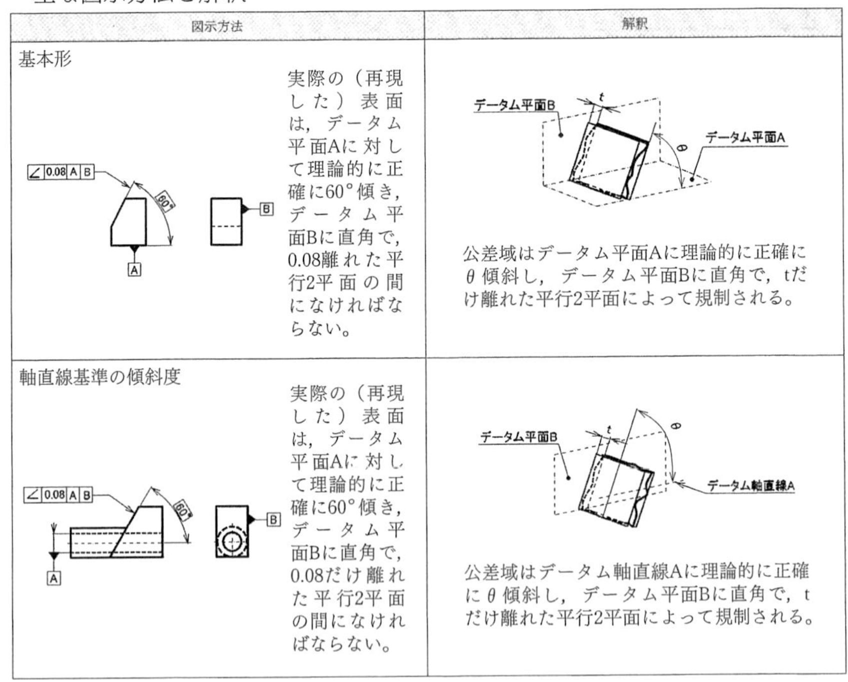

図示方法	解釈
基本形 実際の（再現した）表面は，データム平面Aに対して理論的に正確に60°傾き，データム平面Bに直角で，0.08離れた平行2平面の間になければならない。	公差域はデータム平面Aに理論的に正確にθ傾斜し，データム平面Bに直角で，tだけ離れた平行2平面によって規制される。
軸直線基準の傾斜度 実際の（再現した）表面は，データム平面Aに対して理論的に正確に60°傾き，データム平面Bに直角で，0.08だけ離れた平行2平面の間になければならない。	公差域はデータム軸直線Aに理論的に正確にθ傾斜し，データム平面Bに直角で，tだけ離れた平行2平面によって規制される。

方向を定めない直角度

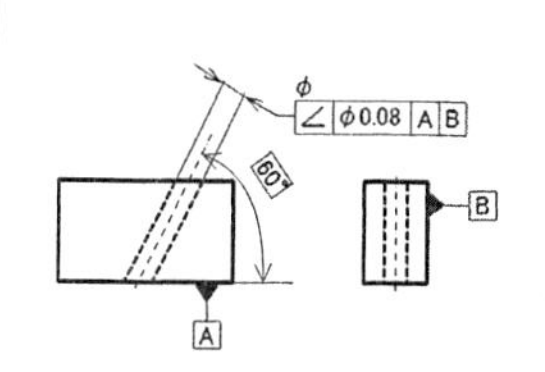

実際の（再現した）軸線は，データム平面Aに対して理論的に正確に60°傾き，データム平面Bに平行で，φ0.08の円筒の中になければならない。

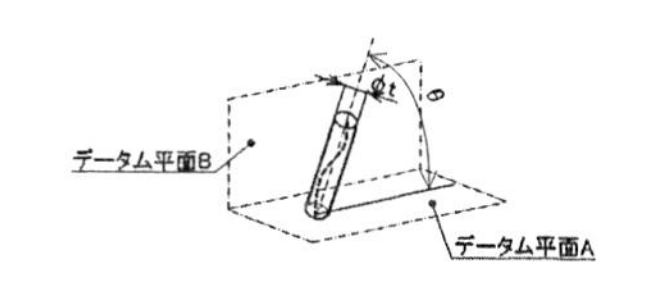

公差域はデータム平面Aに理論的に正確にθ傾斜し，データム平面Bに平行で，φtの円筒によって規制される。

この公差は，寸法公差時代には登場して来なかったものである。なぜかというと，寸法公差には角度公差というものがあったからだ。ここで強調すべきは，幾何公差には角度公差という末広がりの公差域はなく，傾斜性は傾斜度という幅の公差域で規制することである。長い形体への規制では厳しい公差になるリスクはあるが，角度測定の困難な，長さの短い形体に対しても角度測定よりは容易にかつ正確に測定することが可能である。

姿勢公差は直角度，平行度，傾斜度の３種類で，形状公差（6 種類），位置公差（5 種類）に比べて，少ないので覚えやすいのですが，それでも忘れないように確実に覚える，何かいい方法はありますか？

それなら，いい方法があるよ。よく見てごらん，この３種類を角度の視点で見たらどうなる？　直角度は90°，平行度は180°，そして傾斜度は，それ以外の特定の角度だろう。実は，姿勢公差は対象形体のデータムに対する角度についての公差ということなんだ。

46. 最も多用される幾何公差ー位置公差とは何か

幾何公差の中でも一番使用頻度が高いのが，これから紹介する位置公差である。さらに5つある位置公差の中でも位置度が代表格である。ここでは，位置公差の基本的な考え方である**真位置度理論**を解説する。

（1）真位置度理論の考え方

図4.46に，穴位置を幾何公差方式（左側）と寸法公差方式（右側）とで表記した図面を示した。

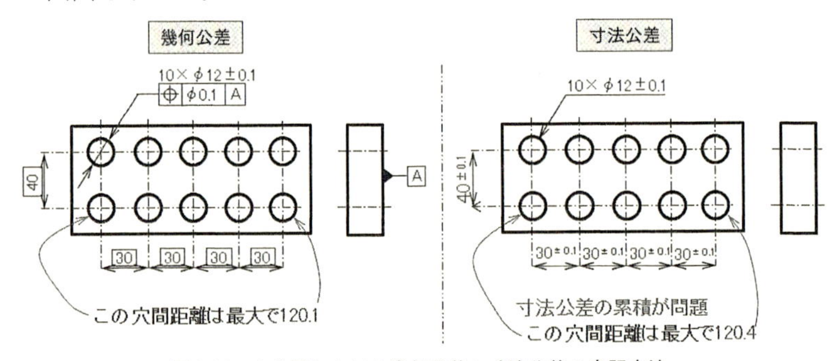

図4.46　穴位置における幾何公差と寸法公差の表記方法

これらの図では，穴間の中心距離（以降ピッチ）について表記している。

まず，右側の寸法公差での図面を見てほしい。この図の中で，一番左下の穴と右下の穴のピッチ関係を見てみると，穴間のピッチは30±0.1なので，もしこの穴間距離が最長となった場合どうなるだろうか？

寸法公差の場合は，基準寸法も公差も寸法公差の総和となるので，

30.1＊4＝120.4

となる。これが寸法公差における累積公差と言われ，**問題となっている。**

複数の形体は互いのピッチのみを規制すれば良いのではなく，**図4.46**の右の寸法公差図面の例では，一番左の穴と一番右の穴との距離120には個別に120±0.1や120±0.2という公差指示をしないと，個別のピッチ30±0.1の累積公差が積み上がって120±0.4になってしまうこともある。

一方，左側の幾何公差で描かれた図を見てみると，幾何公差の図では，ピッチを示す寸法が□（四角）で囲われている。これはp.107で紹介した理論的に正確な寸法であり，公差を持たない**真位置**と呼ばれているものである。そのため，穴間ピッチがいくつあっても理論的に正確な寸法にピッチ数を掛ければ良く，この場合は120.0に公差域φ0.1を加えた120.1が最大穴間距離となる。

5つの穴のピッチ間だけでも，寸法公差と幾何公差では最大の差が0.3も出ている。幾何公差の場合はピッチ数がいくら増えても，ピッチ間寸法は掛け算だけで良く，そこに公差域のφ0.1を加算させるだけで良い。これが真位置度理論である。さらに真位置度理論を補足するうえで，以下では，**公差域**に対する考え方を紹介したい。

（２）公差域の考え方

図4.47が位置公差の公差域例である。位置公差では理論的に正確な寸法（真位置）で規制したい箇所を正確に指示する。そこで，公差値の中心は理論的に正確な寸法で表される形体となる。その形体が点であれば，公差域はその点を中心に，円形(図4.47(a))または球形となる。形体が直線であれば，その直線から正確に公差値の半分ずつ離れた平行二平面（図4.47(b)）または，その直線を中心とし公差値を直径とする円筒公差域（図4.47(c)）となる。

形体が平面であれば，その平面から正確に公差値の半分ずつ離れた平行二平面（図4.47(d)）が公差域になる。なお，同軸度／同心度と対称度については理論的に正確な寸法で表される形体がデータム自身になる。

以下，位置度，同軸・同心度，対象度，線の輪郭度，面の輪郭度，様々な位置公差の例を示していく（p.103図4.6参照）。

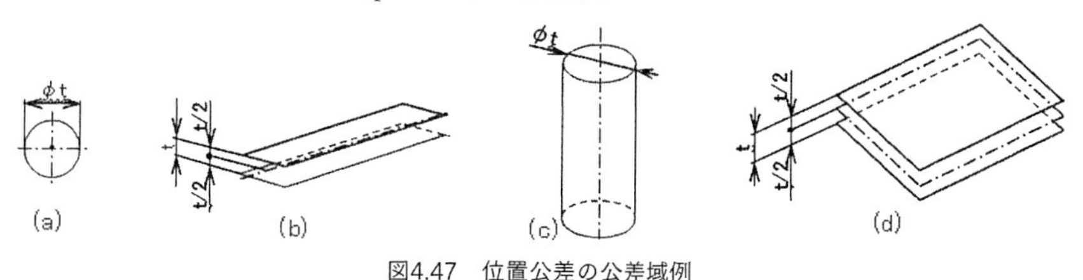

図4.47　位置公差の公差域例

47. 最も多用される幾何公差—様々な位置公差（その１）

（１）位置度

記号： ⌖

位置度とは，データム直線または他の形体に関連して定められた理論的に正確な位置からの点，直線形体または平面形体の狂いの大きさをいう
（JIS B 0621）

主な図示方法と解釈

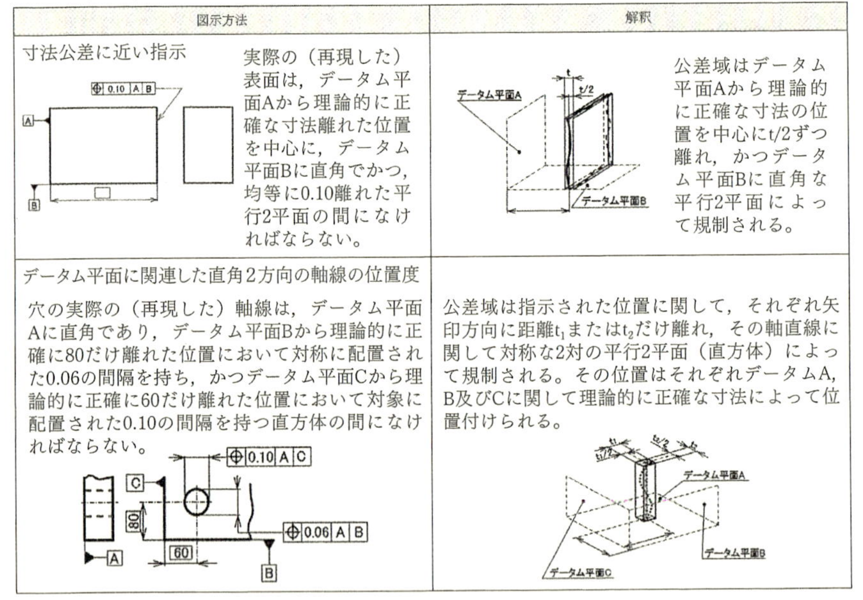

図示方法	解釈
寸法公差に近い指示 実際の（再現した）表面は，データム平面Aから理論的に正確な寸法離れた位置を中心に，データム平面Bに直角でかつ，均等に0.10離れた平行2平面の間になければならない。	公差域はデータム平面Aから理論的に正確な寸法の位置を中心にt/2ずつ離れ，かつデータム平面Bに直角な平行2平面によって規制される。
データム平面に関連した直角2方向の軸線の位置度 穴の実際の（再現した）軸線は，データム平面Aに直角であり，データム平面Bから理論的に正確に80だけ離れた位置において対称に配置された0.06の間隔を持ち，かつデータム平面Cから理論的に正確に60だけ離れた位置において対象に配置された0.10の間隔を持つ直方体の間になければならない。	公差域は指示された位置に関して，それぞれ矢印方向に距離t_1またはt_2だけ離れ，その軸直線に関して対称な2対の平行2平面（直方体）によって規制される。その位置はそれぞれデータムA，B及びCに関して理論的に正確な寸法によって位置付けられる。

輪郭度とともに幾何公差を代表する公差で，将来的には，輪郭度と位置度にてすべての公差の代替が可能なほど便利なものである。今後は，誘導形体（中心軸，中心平面）には位置度，外殻形体（表面）には輪郭度を適用して行く傾向が一般的になることが予想される。

主な図示方法と解釈

図示方法	解釈
データム平面に関連した方向を定めない軸線の位置度①	
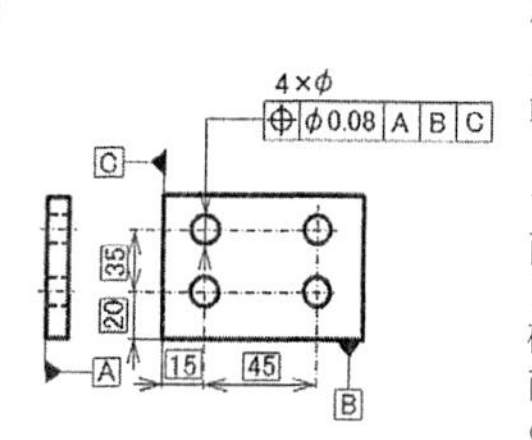 個々の穴の実際の（再現した）軸線は，データム平面Aに直線で，データム平面B及びCに関して理論的に正確な位置にある直径0.08の円筒の中になければならない。	公差値に記号ϕが付けられた場合には，公差域は直径tの円筒によって規制される。その軸直線は，データム平面Aに直角で，データム平面B及びCに関して理論的に正確な寸法によって位置付けられる。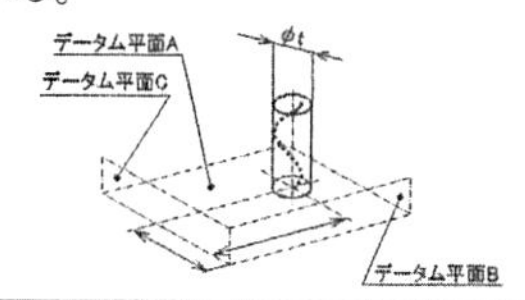
データム平面に関連した方向を定めない軸線の位置度②	
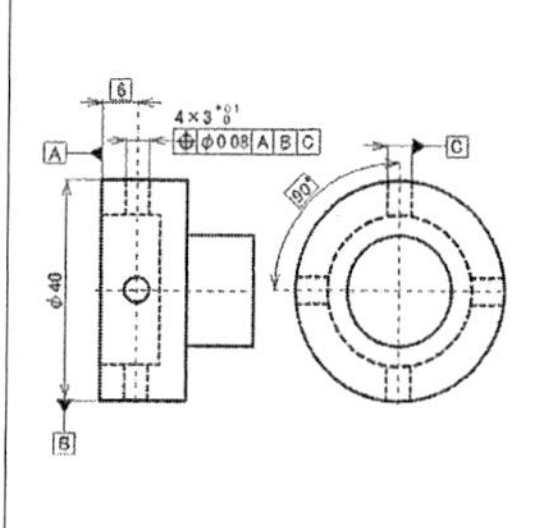 実際の（再現した）軸線は，その穴の軸線がデータム平面Aから理論的に正確に6の位置で，データム軸直線Bに直角で円周を90°分割した方向にある直径0.08の円筒の中になければならない。	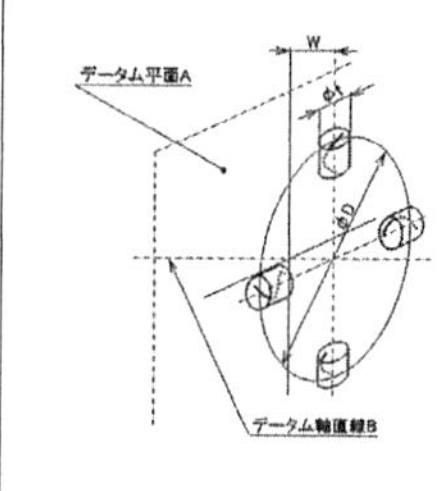 公差値に記号ϕが付けられた場合には，公差域は直径tの円筒によって規制される。その軸線は，データムA，B，Cに関して理論的に正確な寸法によって位置付けられる。

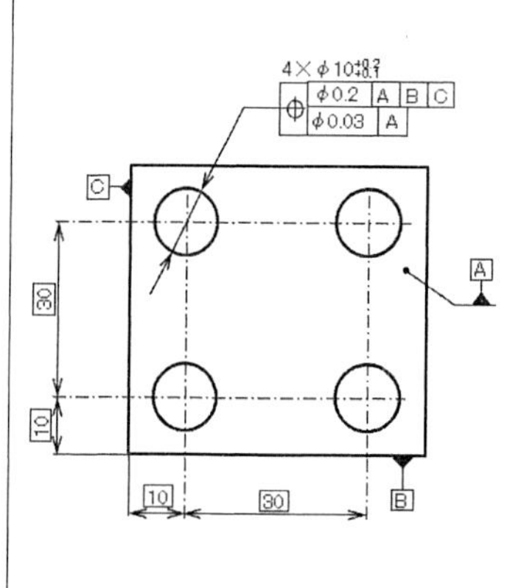

左の図面は，4本の位置決めピンを持つデバイスを位置決めする取付板と想定する。部品の機能から，4つの穴の相互の位置度公差が厳しく，データムに対する全体のグループとしての位置度公差は少し緩い場合に有効な方式である。4つの穴の軸線はデータム平面A基準でϕ0.03の円筒公差域に入っていなければならない。

更に，4つの穴で構成される形体グループのそれぞれの軸線はϕ0.2の円筒公差域に入っていなければならない。この公差域は，データム平面A，データム平面BおよびCから理論的に正確な寸法で指示された位置に配置される。

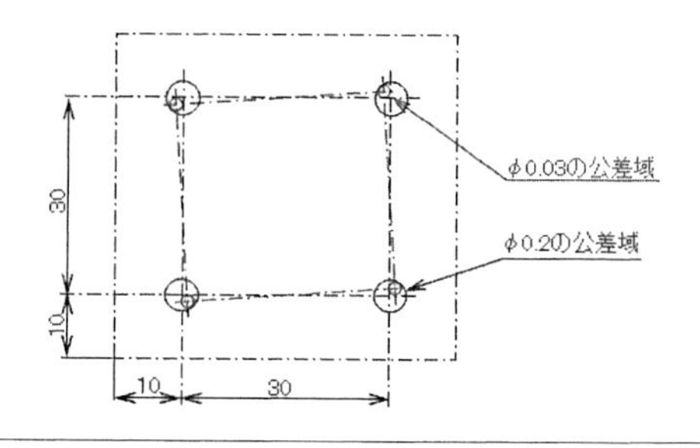

図面に表記する場合は相互関係を厳しくする公差を下段に記入する。

（2）同軸・同心度

記号：◎

同軸度

同軸度とは，データム軸直線と同一直線上にあるべき軸線のデータム軸直線からの狂いの大きさをいう（JIS B 0621）。

同心度

平面図形の場合には，データム円の中心に対する他の円形形体の中心の位置の狂いの大きさを同心度という（JIS B 0621）。

主な図示方法と解釈

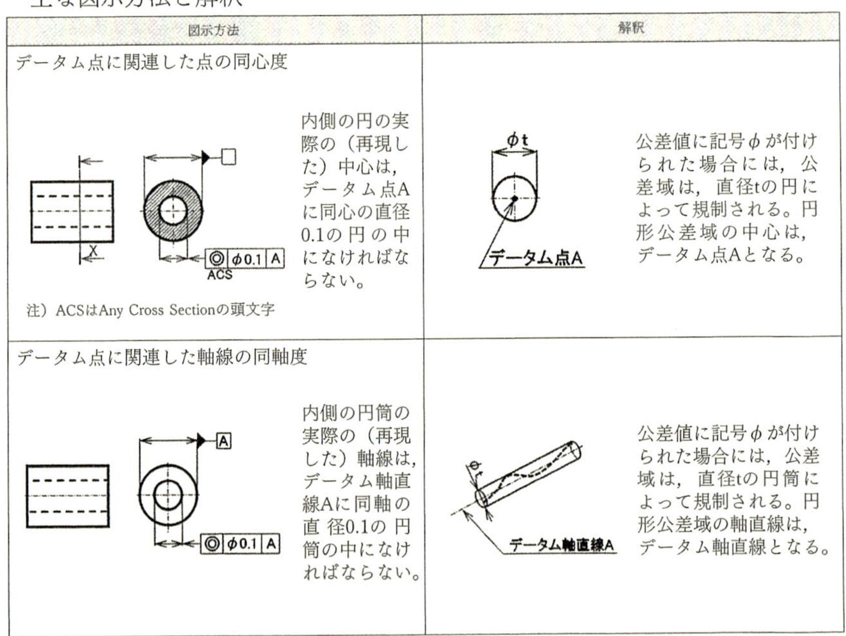

図示方法	解釈
データム点に関連した点の同心度 内側の円の実際の（再現した）中心は，データム点Aに同心の直径0.1の円の中になければならない。 注）ACSはAny Cross Sectionの頭文字	公差値に記号ϕが付けられた場合には，公差域は，直径tの円によって規制される。円形公差域の中心は，データム点Aとなる。
データム点に関連した軸線の同軸度 内側の円筒の実際の（再現した）軸線は，データム軸直線Aに同軸の直径0.1の円筒の中になければならない。	公差値に記号ϕが付けられた場合には，公差域は，直径tの円筒によって規制される。円形公差域の軸直線は，データム軸直線となる。

JISではこの両者は異なる段に分類されているが，よほど薄い座金のような物か，場所による偏差の極小の精度の高い物への指示でない限り，同心度ではなく同軸度を用い，基本的には殆どのケースで同軸度と考えるのが妥当である。

ワンポイント 同心度・同軸度の区分け方法

- 同心度を指示する場合は左図のように断面を指示し，ACS(各横断面の意)と記載する。
- 極薄いもの(例：座金)のように中心が軸直線として指示できないものも同心度となる。
- それ以外は同軸度を指示することになる。

（3）対称度

記号：⌯

対称度とは，データム軸直線又はデータム中心平面に関して互いに対称であるべき形体の対称位置からの狂いの大きさをいう（JIS B 0621）

主な図示方法と解釈

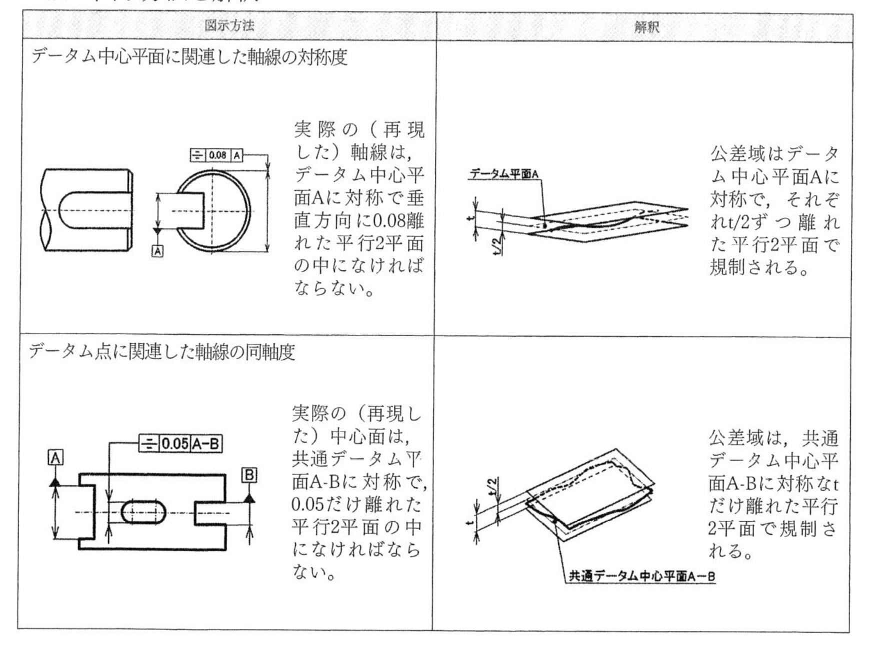

図示方法	解釈
データム中心平面に関連した軸線の対称度 ⌯ 0.08 A A 実際の（再現した）軸線は，データム中心平面Aに対称で垂直方向に0.08離れた平行2平面の中になければならない。	データム平面A t t/2 公差域はデータム中心平面Aに対称で，それぞれt/2ずつ離れた平行2平面で規制される。
データム点に関連した軸線の同軸度 ⌯ 0.05 A-B A B 実際の（再現した）中心面は，共通データム平面A-Bに対称で，0.05だけ離れた平行2平面の中になければならない。	t/2 t 共通データム中心平面A－B 公差域は，共通データム中心平面A-Bに対称なtだけ離れた平行2平面で規制される。

この公差は，たぶんに誤解されているところがあり，その名前から，中心軸や中心平面に対して関連する両側の形体同士の形状精度のように思われている

ことが多い。しかし，JISでは，「データム軸直線又はデータム中心平面に関して互いに対称であるべき形体の対称位置からの狂いの大きさ」とされ，実は同軸度とほとんど同じ概念である。つまり，円形形体同士ではなく，角形状の中心平面や，円形形体同士でも直交方向である形体の中心位置に関して規制できるので，広義では同軸度もこの中に含まれる。実は，意外に便利で，中心同士を一致させるという設計意図を明確に表している。

ワンポイント 対称度は中心に対する形体の対称性ではなく，線対称，点対称な形体同士の中心の位置ズレを規制するもの！
位置度でも良いが，より設計者の意図を表現する。

幾何公差は，それぞれ一義的に決められて使われるのではなく，他の幾何公差を用いて指示できると聞きました。例えば，どんなものがあるのでしょうか？

その例は，多様にあるのだけど，ここでは位置公差の中の相互関係を考えてみよう。中でも代表的なものは，中心軸や中心平面などの形体に適用されるもので，同軸度，対称度は，両方とも位置度で代用できることに気づいたかな。では，いっそ位置度でカバーして，同軸度，対称度は無くしてしまったらどうか，と思うのだが，幾何公差の利点として，一目見て，それぞれの公差記号の形からその公差の意味するところがわかるということがある。同軸度も対称度も，位置度の記号よりも設計者の意図が見えて来ないかい？それは同様に他の公差をカバーできる輪郭度に対しても言えることなのだ。そのことについては，自分で考えてみることが勉強になるから，ここでは詳しく話さないよ。

48. 最も多用される幾何公差 — 様々な位置公差（その2）

（1）線の輪郭度

記号：⌒

線の輪郭度とは，理論的に正確な寸法によって定められた幾何学的に正しい輪郭からの線の輪郭の狂いの大きさをいう（JIS B 0621）

主な図示方法と解釈

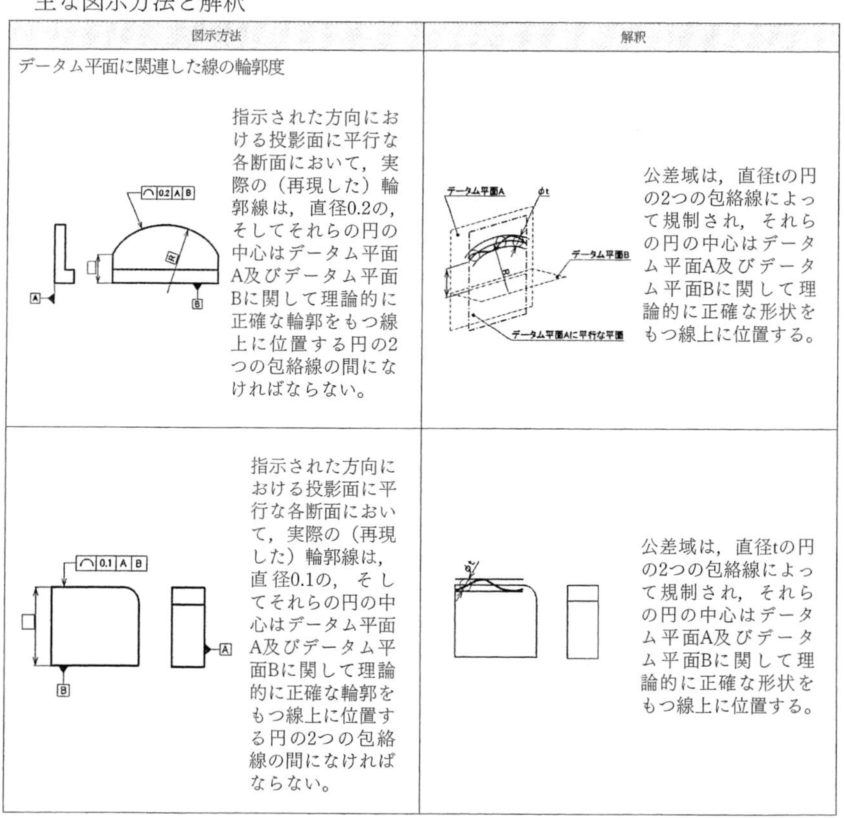

図示方法	解釈
データム平面に関連した線の輪郭度 指示された方向における投影面に平行な各断面において，実際の（再現した）輪郭線は，直径0.2の，そしてそれらの円の中心はデータム平面A及びデータム平面Bに関して理論的に正確な輪郭をもつ線上に位置する円の2つの包絡線の間になければならない。	公差域は，直径tの円の2つの包絡線によって規制され，それらの円の中心はデータム平面A及びデータム平面Bに関して理論的に正確な形状をもつ線上に位置する。
指示された方向における投影面に平行な各断面において，実際の（再現した）輪郭線は，直径0.1の，そしてそれらの円の中心はデータム平面A及びデータム平面Bに関して理論的に正確な輪郭をもつ線上に位置する円の2つの包絡線の間になければならない。	公差域は，直径tの円の2つの包絡線によって規制され，それらの円の中心はデータム平面A及びデータム平面Bに関して理論的に正確な形状をもつ線上に位置する。

指示された方向における投影面に平行な各断面において，実際の（再現した）輪郭線は，直径0.2の，そしてそれらの円の中心はデータム平面A及びグループデータムDに関して理論的に正確な輪郭をもつ線上に位置する円によって描かれる2つの包絡線の間になければならない。このグループデータムDは基準となる2つのφ10の穴によって構成される。

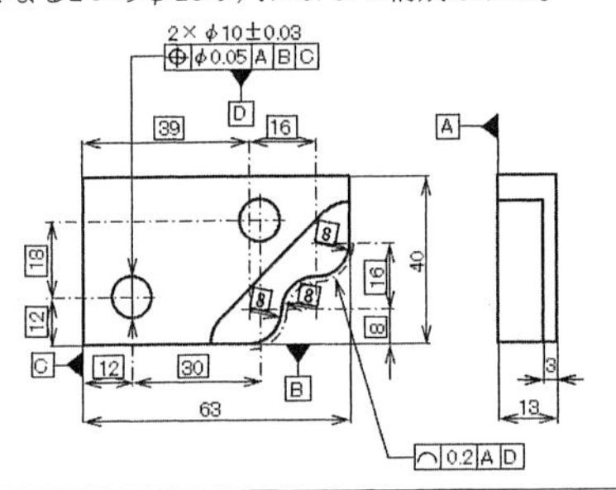

公域差は，直径tの円の2つの包絡線によって規制され，それらの円の中心はデータム平面A及びグループデータムDに関して理論的に正確な輪郭線上に位置する。

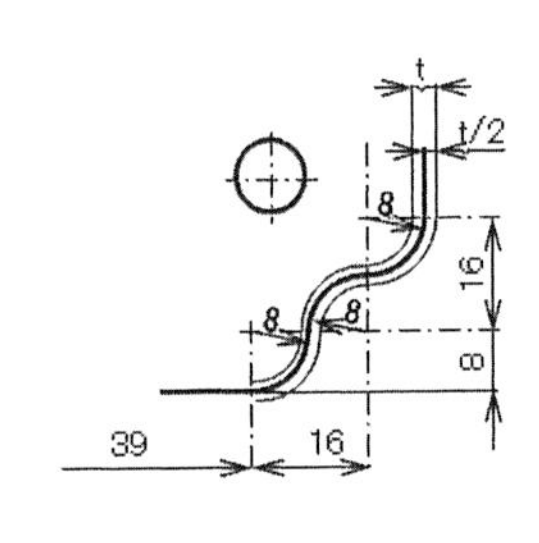

（2）面の輪郭度

記号：⌓

面の輪郭度とは，理論的に正確な寸法によって定められた幾何学的に正しい輪郭からの面の輪郭の狂いの大きさをいう（JIS B 0621）

主な図示方法と解釈

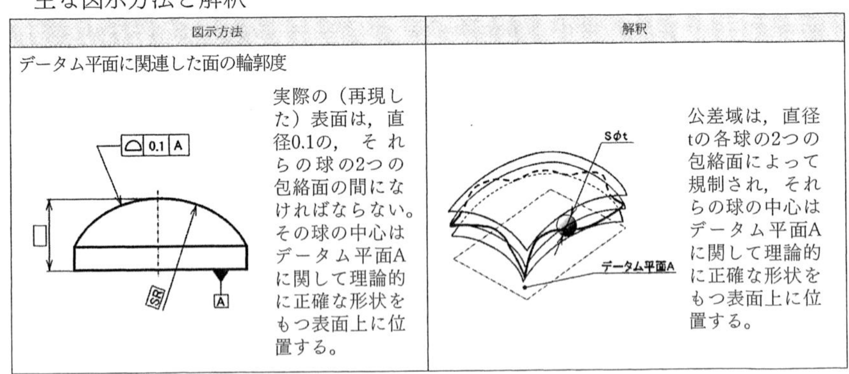

図示方法	解釈
データム平面に関連した面の輪郭度 実際の（再現した）表面は，直径0.1の，それらの球の2つの包絡面の間になければならない。その球の中心はデータム平面Aに関して理論的に正確な形状をもつ表面上に位置する。	公差域は，直径tの各球の2つの包絡面によって規制され，それらの球の中心はデータム平面Aに関して理論的に正確な形状をもつ表面上に位置する。

データム軸直線に関連した曲面の輪郭度	
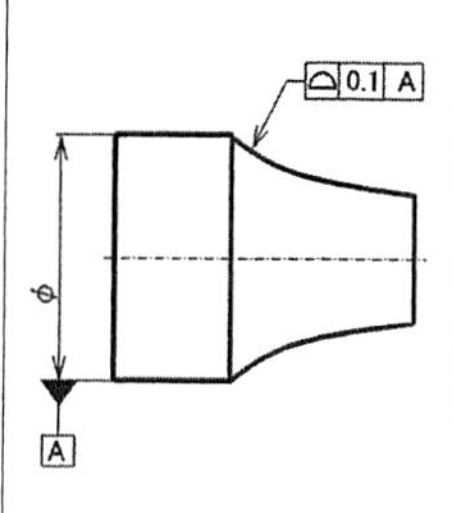 実際の（再現した）表面は，理論的に正確な形状（別に指示した座標又は数式で指示される）の表面上に中心を持つ直径0.1の各球の2つの包絡面の間になければならない。	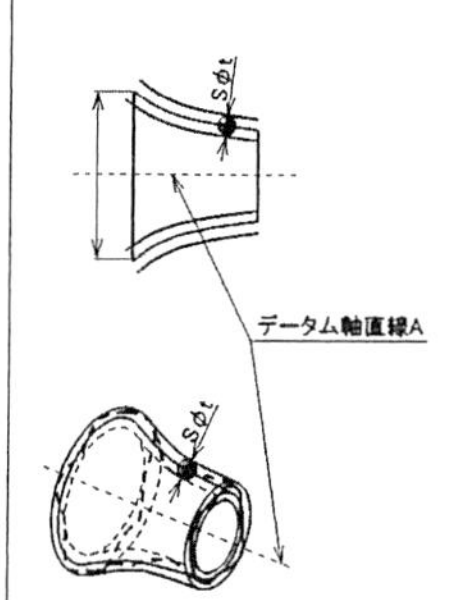 公差域は，理論的に正確な形状の表面上に中心を持つ直径tの各球の2つの包絡面によって規制される。

図示方法	解釈
複合指示の場合を示す。実際の（再現した）輪郭線は，データム平面A基準で理論的に正確な輪郭面表面に中心を持つ直径0.1の各球の2つの包絡面の間になければならない。更にデータム平面A，B，Cから理論的に正確な輪郭面表面に中心を持つ直径0.3の球の2つの包絡面の間になければならない。 複数同様な形状があり，それぞれの相互の位置精度が厳しい場合や，全周つながった形状への指示，などに非常に有効な指示方法であるが，JISには無い指示方法なので，指示する場合は，「ASME Y14.5M適用」と注記することを推奨する。 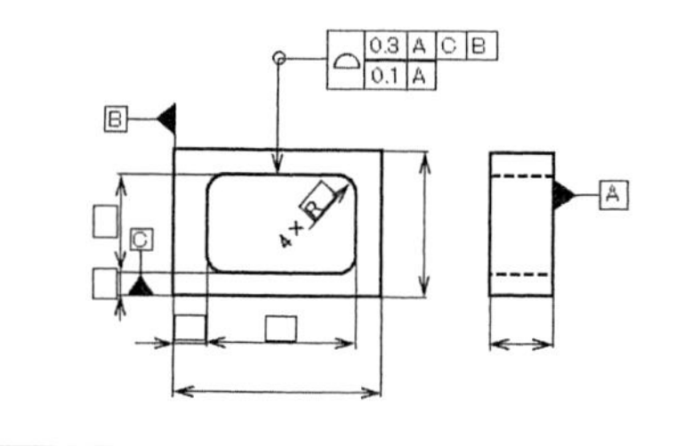 	公差域は，理論的に正確な輪郭面表面に中心を持つ直径t_1の各球の2つの包絡面で規制される。 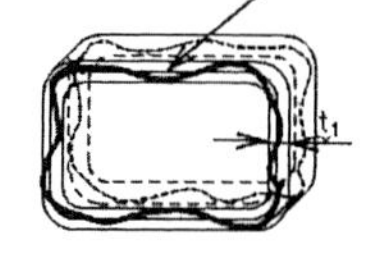 更に公差域は，データム平面A，B，Cに関して理論的に正確な輪郭に中心を持つ直径t_2の各球の2つの包絡面で規制される。 理論的に正確な輪郭 t_2

位置公差としての輪郭度は，あるデータムに対して理想形状からのずれを規制しており，いわばCADモデルからの偏差を規制しているので，データムを伴った面の輪郭度で指示すれば他の公差も含めてすべて包含することができる。まさにスーパー公差と言っても過言ではない。それだけに乱用は避けたい。

49. 回転物に対する幾何公差 ― 様々な振れ公差

振れ公差には任意断面の2次元的に規制する円周振れと，3次元的に規制する全振れの2種類がある（p.103，図4.6参照）。

（1）円周振れ

記号： ↗

円周振れとは，データム軸直線を軸とする回転面を持つべき対象物又はデータム軸直線に対して垂直な円形平面であるべき対象物をデータム軸直線の周りに回転したとき，その表面が指定した位置又は任意の位置で指定した方向に変位する大きさをいう（JIS B 0621）

主な図示方法と解釈

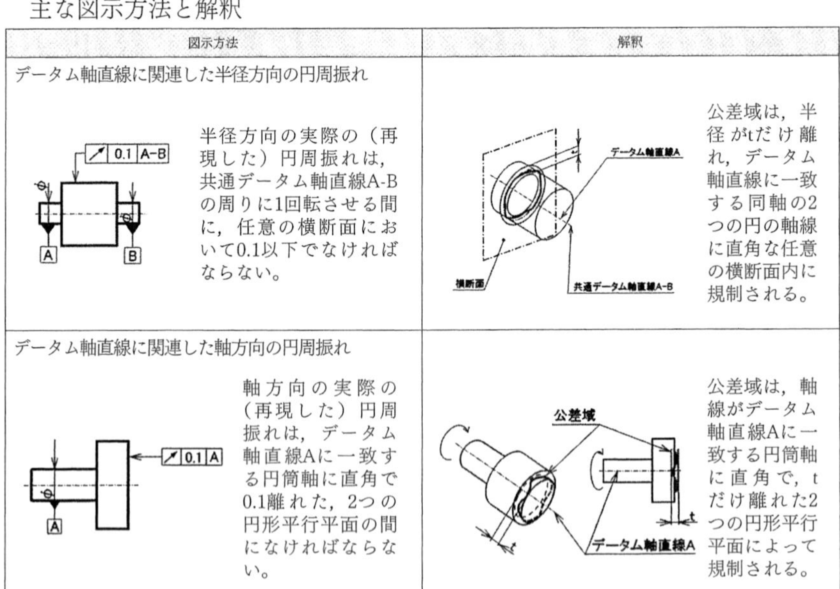

図示方法	解釈
データム軸直線に関連した半径方向の円周振れ 半径方向の実際の（再現した）円周振れは，共通データム軸直線A-Bの周りに1回転させる間に，任意の横断面において0.1以下でなければならない。	公差域は，半径がtだけ離れ，データム軸直線に一致する同軸の2つの円の軸線に直角な任意の横断面内に規制される。
データム軸直線に関連した軸方向の円周振れ 軸方向の実際の（再現した）円周振れは，データム軸直線Aに一致する円筒軸に直角で0.1離れた，2つの円形平行平面の間になければならない。	公差域は，軸線がデータム軸直線Aに一致する円筒軸に直角で，tだけ離れた2つの円形平行平面によって規制される。

（２）全振れ

記号：⌰

全振れとは，データム軸直線を軸とする回転面をもつべき対象物又はデータム軸直線に対して垂直な円形平面であるべき対象物をデータム軸直線の周りに回転した時，その表面が指定した方向に変位する大きさをいう（JIS B 0621）

主な図示方法と解釈

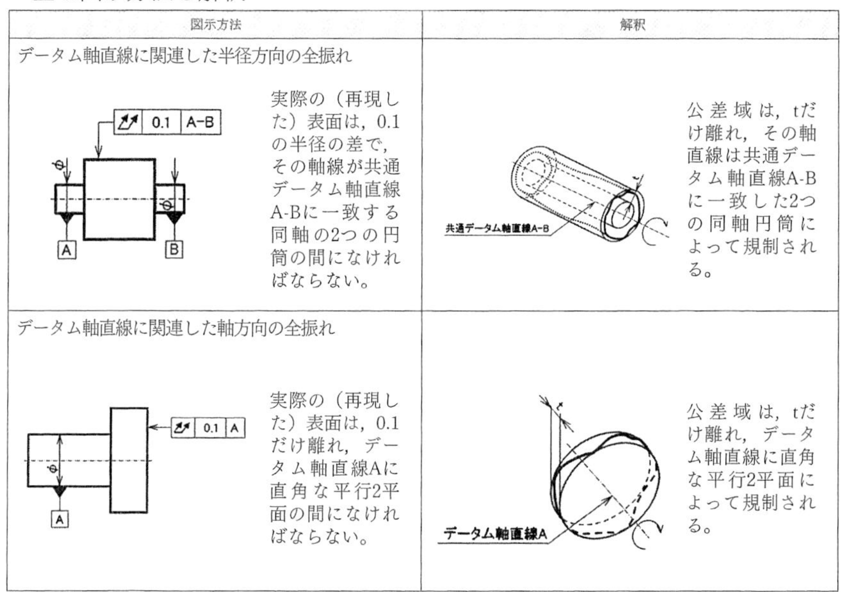

図示方法	解釈
データム軸直線に関連した半径方向の全振れ 実際の（再現した）表面は，0.1の半径の差で，その軸線が共通データム軸直線A-Bに一致する同軸の2つの円筒の間になければならない。	公差域は，tだけ離れ，その軸直線は共通データム軸直線A-Bに一致した2つの同軸円筒によって規制される。
データム軸直線に関連した軸方向の全振れ 実際の（再現した）表面は，0.1だけ離れ，データム軸直線Aに直角な平行2平面の間になければならない。	公差域は，tだけ離れ，データム軸直線に直角な平行2平面によって規制される。

円周振れ，全振れともに，回転軸をもつ品物に対して中心軸の円周方向の振れと，軸方向の振れの両方向を規制することができる。円周振れと全振れの使い分けは，真円度と円筒度の説明に準ずる。いずれにせよ，中心軸を中心に品物を回転させて測定することになるので，適切な固定治具が必要である。

第5章

パーツを正しく計測し，計測結果を設計にフィードバックする

測定技術の進化によって，得られる情報は格段に増えてきているが，一方では「正しく測る」技術も求められる。本章では，近年の測定技術の進化について触れた上で，実際の幾何公差の測定方法について解説する。第1章で紹介したように，公差設計のPDCAにおいて，幾何公差の測定はCheckに当たる。

50. パーツを測定して，加工の正しさをチェックする

（1）測定の目的

ここでは，測定を「部品の寸法測定」に絞って考える。一口に「測定の目的」と言っても，実はフェーズによって目的が異なる。以下のフェーズによる違いを考えてみる（表5.1）。

表5.1　製品化のステップと手法

プロセス	ものづくり	測定の目的	サンプル数	測定装置への要求
研究開発	基礎試作	あくまで技術的 ①商品価値を測る ②パラメータを決める手がかりを測る（設計条件，製造条件）	最低1個 多くても数個	技術確認：何を重視するかで大きく異なる 基本的には試作水準の差がわかれば良い。物理量としての意味が重要
製品設計	製品化検討試作	上記と同様 ただし， より現実解	上記と同様	上記と同様
量産準備	量産確認試作	図面の公差にもとづく測定	最低3個 重要な管理特性は工程能力把握可能な数通常は30個以上 抜き取り水準表による	①型修正など，技術アクションが取れるもの ②量産で用いる測定装置と同じもので，かつ校正されているもの
量産	量産	上記と同様	上記と同様	上記と同様

技術者はKKD（勘，経験，度胸）による行動は控え，事実に基づいて行動をするべきである。そのベースとなるのがデータである（図5.1，表5.2）。

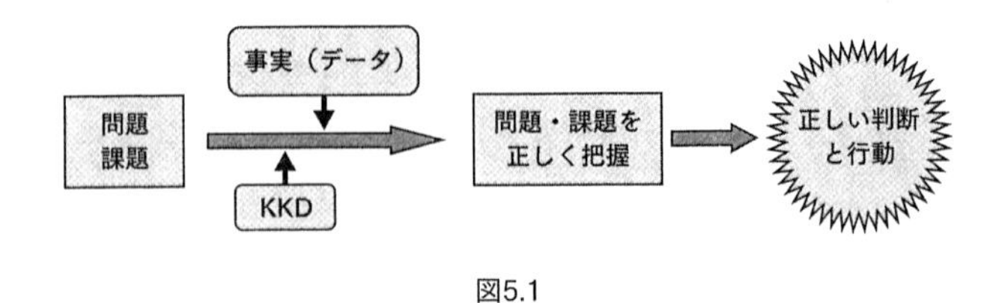

図5.1

表5.2

目的	どんな場合にとるのか	例
1）管理のため	・職場や工程の状況が，いつもと同じように良い状況が維持されているかを確かめるために，定期的にとるデータ ・もし異常が発見された場合には，原因を究明して再発防止の処置をとる	加工条件管理 特性値管理 生産数量管理 不良率管理 など
2）改善のため	・問題解決や改善を行う場合，現状はどうなっているのか？ ・加工条件等を変化させると，結果にどのような影響を与えるのか？ ・また改善の対策が効果を上げたのかを確認するなどのためにとるデータ	現状把握 要因検証 対策効果確認 など
3）検査のため	・製品や部品を試験や測定を行い，その結果を規格と比較して良品・不良品の判定をするためにとるデータ	出荷検査 抜き取り検査 など

（2）測定の不確かさとその影響

間違った情報によるアクションの影響は大きく方針を変える。それが上流であればあるほど重要である。以下のポイントを押さえておきたい。

〈適切な特性値〉

①結果としての特性値
　出来上がった品物の寸法や重量，性能・機能などに関する値
②要因としての特性値
　品物を製造するときの，温度や圧力，時間など，製造条件に関する値

〈5W1Hを明確に〉

①なぜ(Why)　…………………データを取る目的は
②何を(What)　…………………データを取る対象は(どの特性値か)
③いつ(When)…………………データを取る日時•時間•頻度は
④どこで(Where)　……………データを取る工程•場所•機械は
⑤誰が(Who)　…………………データを取る担当者は
⑥どのようにして(How)　……データを取る方法は(データ数•測定方法等)

51. 幾何公差の普及の切り札となる非接触3次元測定機器の進化

これだけ3次元CADが普及している現代に，いまだに紙の図面すなわち2次元図面の作成に多大な時間を要していることに疑問を感じている読者も少なくないだろう。**3Dモデル**ができあがった時点で，「**基準データム**」「**公差値**」をすべて入れて，設計は完成しているはずなのに，なぜ，さらに2次元図面の作成が必要になるのか？　この疑問に対する答えはいくつか考えられる。大きくは次の2つであろう。

- ISOなどの品質基準で正式図面は紙の図面（2次元図面）としているケースが多い。しかも紙の図面は検図担当者，出図承認者の証拠を残しやすい。場合によっては手書き署名や朱印の押印を求められる場合も多い。
- 寸法測定の計測器が依然として2次元測定の機器が主流で，2次元図面でないとどこを測るのかが明確にわからない。

3次元測定においては**CMM**（Coordinate Measuring Machine）と言われる3次元測定機が一般的であるが，それをもってしても多くの寸法特性は2次元測定機器によって計測されている。その理由は主として次の2つである。

- 測定精度，測定の簡便性に関して，それぞれの目的に特化した各種2次元測定機器が優れている
- CMMは高価な装置であるため多数そろえることが困難で，日常的な測定作業に用いることができない。また，計測のためのプログラミングが必要で，限られた操作者，エンジニアに頼ることが多い。

しかしながら近年，**非接触3次元測定機器**，あるいは接触式との**複合測定機器**の大きな進化が起こり，その状況が変わる期待感が高まっている。その大きな要因は，膨大な点群データの処理が必要でコンピュータの処理能力に依存するためCPU，メモリー容量が進化したことである。もちろん検出センサ，光学デバイスなどの進化も寄与している。

非接触３次元測定機器の代表的な形態は「**光学方式**」と「**X線CT**」方式に分けられるが，それぞれ**図5.2**，**図5.3**に代表的機種を例示する。

図5.2は光学方式の代表例を示す。この方式は様々な角度からプロジェクタで縞パターンを投影し，それをカメラで撮影して，そのショット画像をコンピュータによる画像合成で3Dデータを形成する。光学式は多くの場合座標系にとらわれずに自由なセッティングで多角度のショットを計測するため，足りないショットを後日追加して更新可能など，測定の容易さ自由度が大きく，検具の削減にもつなげやすい。

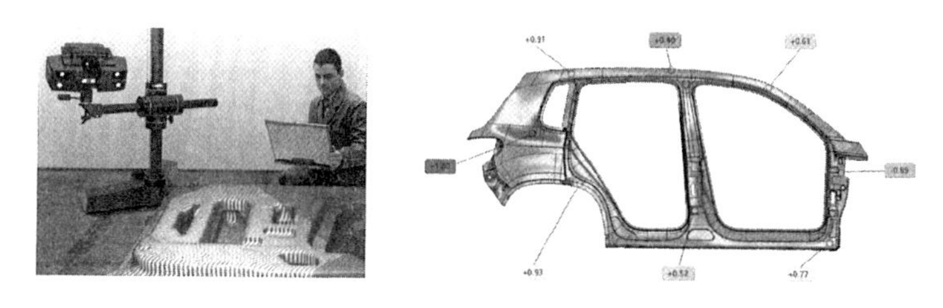

図5.2　光学方式の外観とCADマッチングの一例
（出典：丸紅情報システムズ株式会社　ATOS Trple Scan）

図5.3はX線方式の代表例を示すが，X線は透過式なので，穴内面など光学式では影となって観察困難な部分も観察され，断面解析も可能となる。

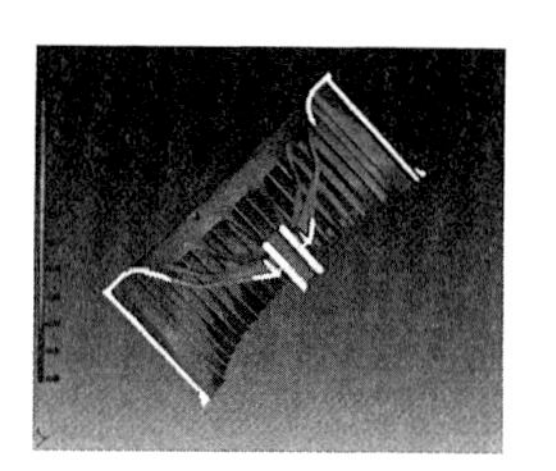

プラスチックファンのCTスキャン画像　　CAD比較の断面図

図5.3　X線ＣＴ方式の外観と計測結果の例（出典：ニコンMCT225）

こういった新しい３次元測定機器は基本的に面を測定し，しかも全体像を

3Dデータで取得している。従来の機器においては，２次元測定はもちろんのこと，CMMでさえほとんどのケースは規定の点や直線に沿った測定が行われていた。このことは，幾何公差の世界に対しては以下のような革命的な進化を期待させてくれる。

①CAD比較の容易さ

取得される3Dデータはワークの全体像を座標値として得ているので，CADとのベストフィット比較により全体の偏差を簡単に表示することができる。また，基準面（データム）を切り替えることで様々な配置により偏差を表示することも容易である。中央の図の例では，中心の穴と外周円筒の上面をデータムとして位置合わせしての偏差表示も可能である。

②ワーク間比較の容易さ

CADとの比較だけでなく，ワーク同士の偏差比較が容易にできるので，良品と不良品の比較，初期ロットと最新ロットとの比較，などが可能。しかも特定ポイントでなく不特定ポイントの偏差を得ることができるので，予測の範囲を超えた問題点の検出への期待感もある。

③面での評価

２次元測定，CMMでの点，線での測定値と異なり，面測定かつ点群出力が可能なので，上記のように特定ポイント以外のワーク内のあらゆるポイントの問題点を抽出することが可能である。右側の図の例では，ファンの内周径はこの3D偏差表示では明確にわかるが，２次元測定で行った場合入口側で測った径と奥側で測った径では値が異なることが予想される。また，円周方向のどこの方向で計測するかでも値は変わってくる。幾何公差ではデータムターゲットが明示されない限り基本的に対象面全体の公差範囲を要求しており，このような３次元測定が大前提となるといっても過言ではない。その意味では，このような新しい計測技術の出現こそ幾何公差の世界が待ち望んでいたものである。

④検具の削減

従来の計測技術の範囲では，様々な基準面（データム）にワークを固定して測定する検具や模範図（チャート図）というものを用いてきた。しかし，新しい非接触3次元計測機器では，拘束しない自由姿勢で面全体の点群や円筒形状の軸や穴まで点群データで出力可能なので，従来は検具で行っていた測定を検査ソフトによりコンピュータ上で測定することも可能である。商品によっては新製品を起工するたびに膨大な検具の投資を行っているが，その削減効果は非常に大きいと期待される。それはまた，測定技術の人による差を小さくすることへの期待にもつながる。

点群の測定データは一目でわかり易くていいですね。

究極的な3Dデータなのだから君達のようなIT世代こそ，その新しい使い方を追求して欲しい。
例えば，CADデータに近い面形成モデルにしてCAE解析に戻す（リバースエンジニアリング）とか，点群データをセーブしておいて，検査結果は問題があった時のみ検証するとか。

52. どんな幾何公差にどんな測定機器を用いるか

これまで述べてきたように，幾何公差においては，データムとの関係が明確であり，公差域が立体的である。そのようなことから，幾何公差の測定には，3次元測定が理想的である。ここでは，マイクロメータ，ダイヤルゲージ，すきまゲージ，ピンゲージなどの汎用測定機から，3次元測定機（CMM）をはじめ，オートコリメータ，真円度測定機，投影機，画像測定機，形状測定機等の高精度の測定機による測定方法を紹介する。読者諸氏の会社の使用環境と対比して参照して欲しい（表5.3）。

表5.3　幾何公差とその測定方法

形状公差		位置公差	
真直度	①ハイトゲージ・ダイヤルゲージ ②すきまゲージ（ピンゲージ） ③CMM ④オートコリメータ	位置度	①CMM ②投影機 ③画像測定機
平面度	①ダイヤルゲージ ②CMM	同軸 同心度	①真円度測定機 ②CMM
真円度 円筒度	①ダイヤルゲージ ②CMM	対称度	①CMM
姿勢公差		線の輪郭度 面の輪郭度	①すきまゲージ・ピンゲージ ②投影機，画像測定機 ③形状測定機 ④CMM
平行度	①ダイヤルゲージ・ハイトゲージ ②CMM		
直角度	①すきまゲージ・ダイヤルゲージ ②CMM	**振れ公差**	
傾斜度	①ダイヤルゲージ ②CMM	円周振れ 全振れ	①ダイヤルゲージ ②真円度測定機

(1) 真直度測定

①ハイトゲージ・ダイヤルゲージでの測定

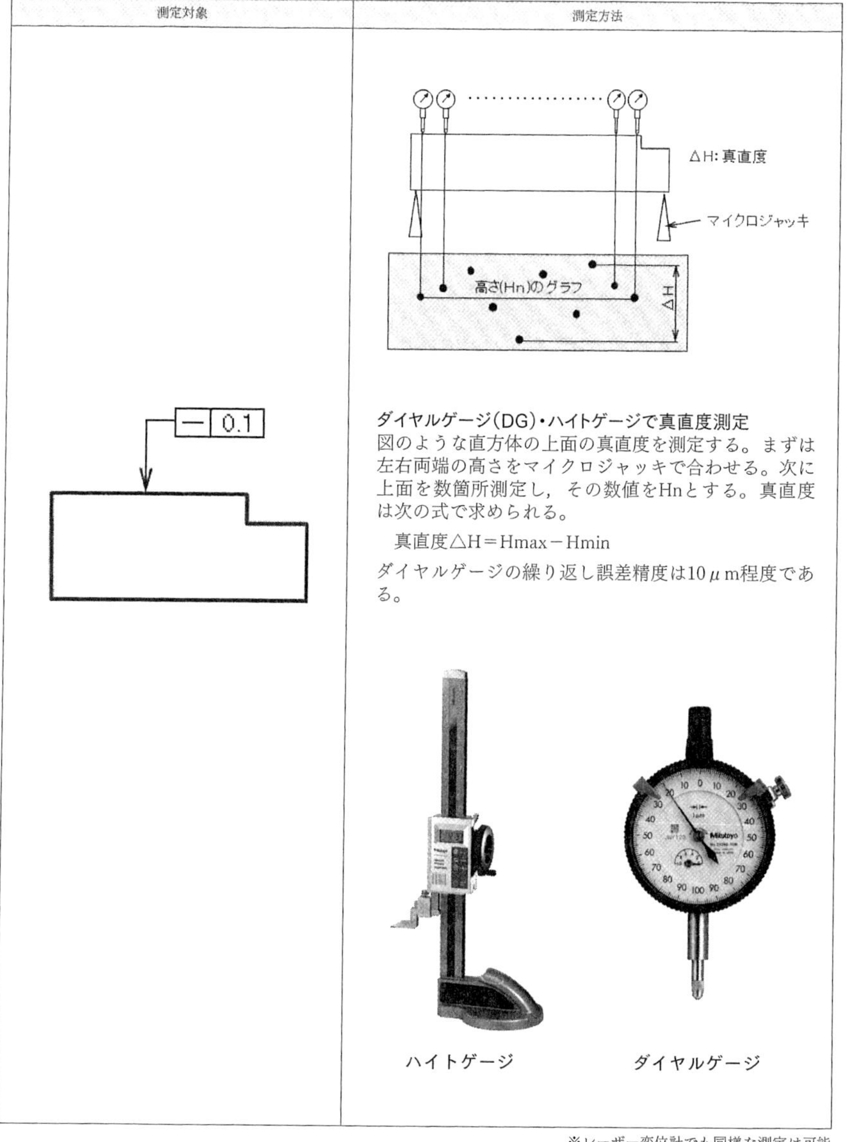

※レーザー変位計でも同様な測定は可能

②すきまゲージ（ピンゲージ）

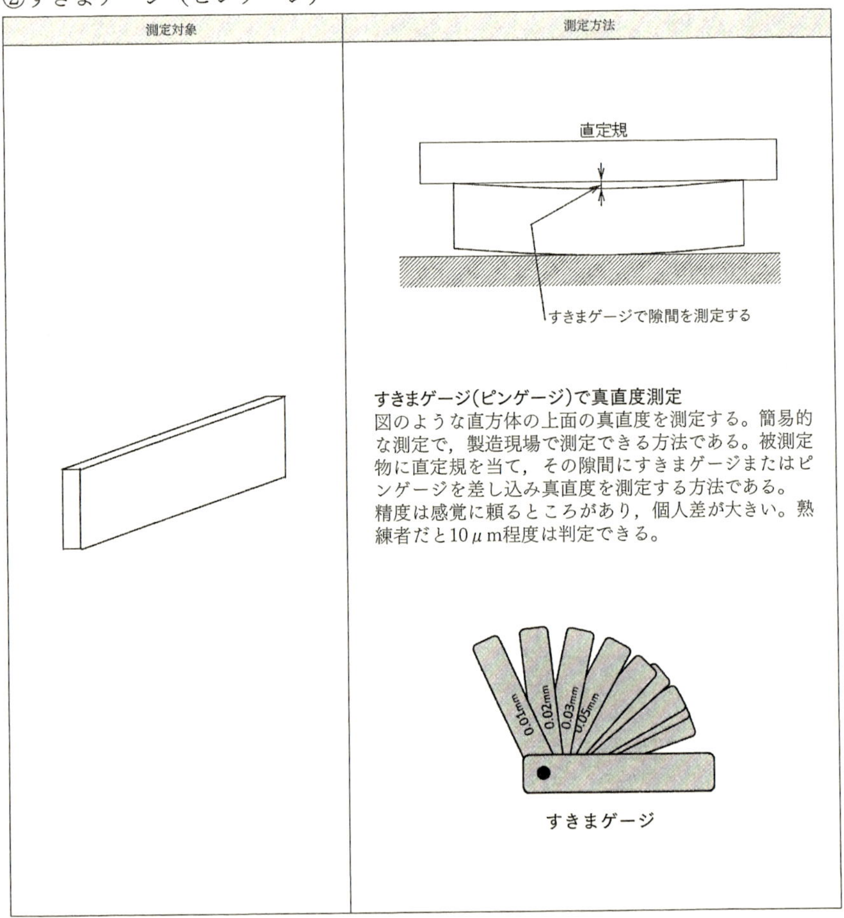

③CMM

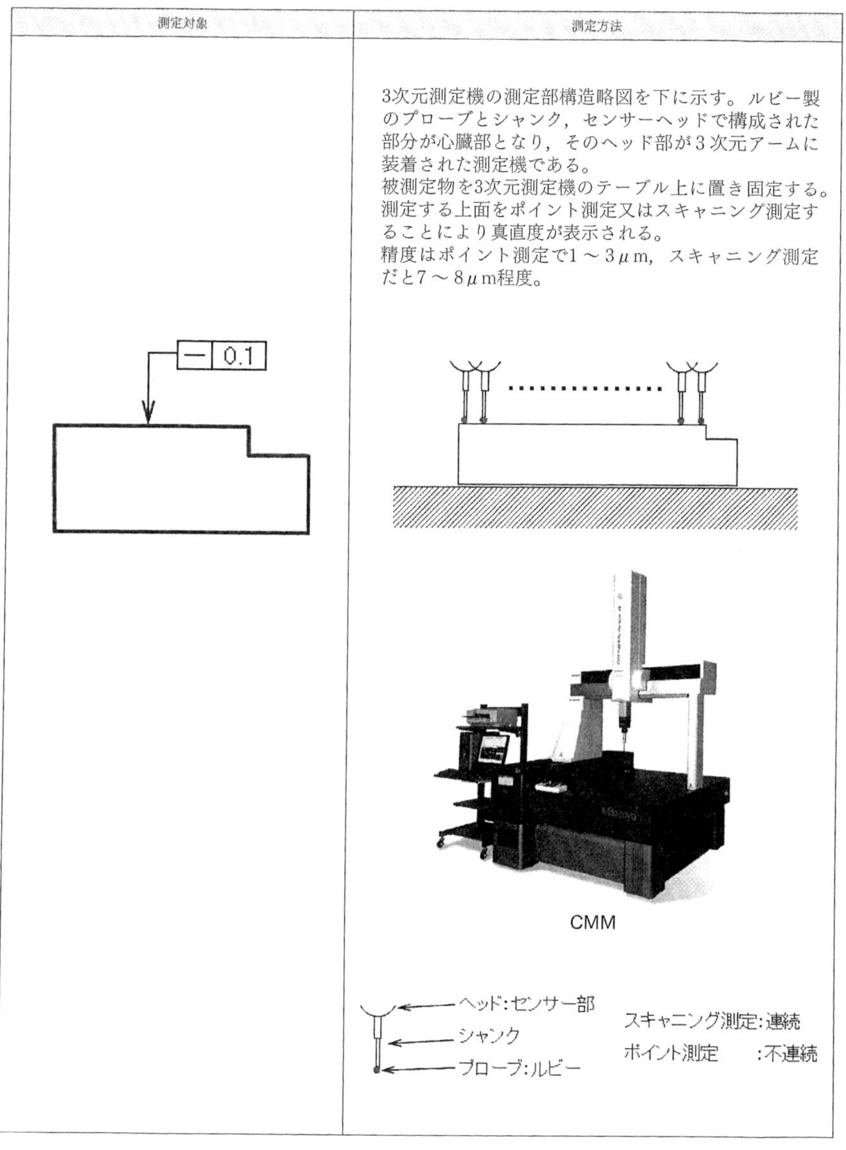

測定対象	測定方法
	3次元測定機の測定部構造略図を下に示す。ルビー製のプローブとシャンク，センサーヘッドで構成された部分が心臓部となり，そのヘッド部が3次元アームに装着された測定機である。 被測定物を3次元測定機のテーブル上に置き固定する。測定する上面をポイント測定又はスキャニング測定することにより真直度が表示される。 精度はポイント測定で1～3μm，スキャニング測定だと7～8μm程度。

④オートコリメータ

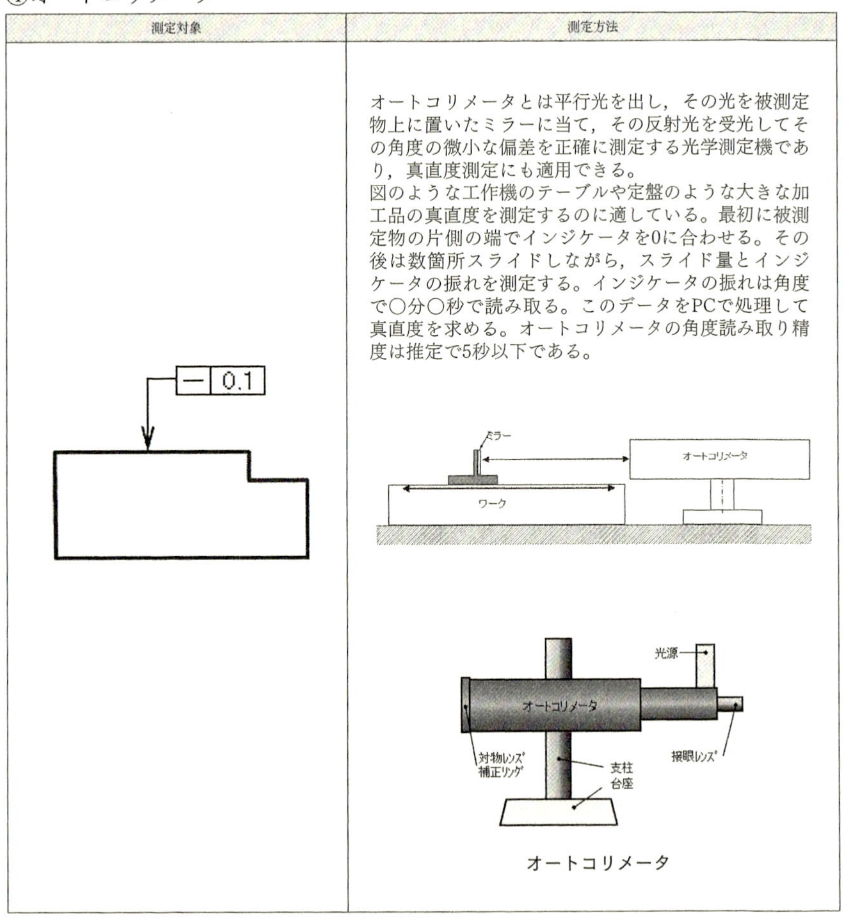

測定対象	測定方法
	オートコリメータとは平行光を出し，その光を被測定物上に置いたミラーに当て，その反射光を受光してその角度の微小な偏差を正確に測定する光学測定機であり，真直度測定にも適用できる。 図のような工作機のテーブルや定盤のような大きな加工品の真直度を測定するのに適している。最初に被測定物の片側の端でインジケータを0に合わせる。その後は数箇所スライドしながら，スライド量とインジケータの振れを測定する。インジケータの振れは角度で○分○秒で読み取る。このデータをPCで処理して真直度を求める。オートコリメータの角度読み取り精度は推定で5秒以下である。

オートコリメータ

（2）平面度測定

①ダイヤルゲージでの測定

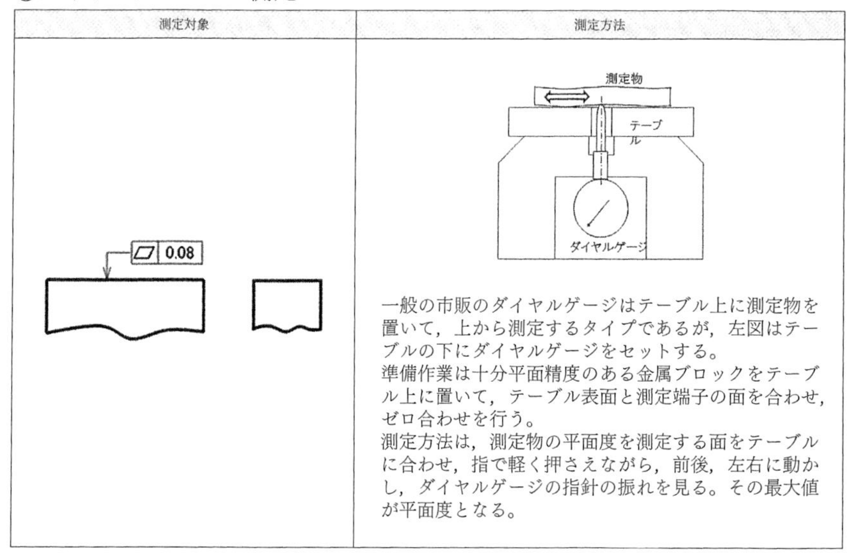

測定対象	測定方法
0.08	測定物 テーブル ダイヤルゲージ 一般の市販のダイヤルゲージはテーブル上に測定物を置いて，上から測定するタイプであるが，左図はテーブルの下にダイヤルゲージをセットする。 準備作業は十分平面精度のある金属ブロックをテーブル上に置いて，テーブル表面と測定端子の面を合わせ，ゼロ合わせを行う。 測定方法は，測定物の平面度を測定する面をテーブルに合わせ，指で軽く押さえながら，前後，左右に動かし，ダイヤルゲージの指針の振れを見る。その最大値が平面度となる。

②CMMでの測定

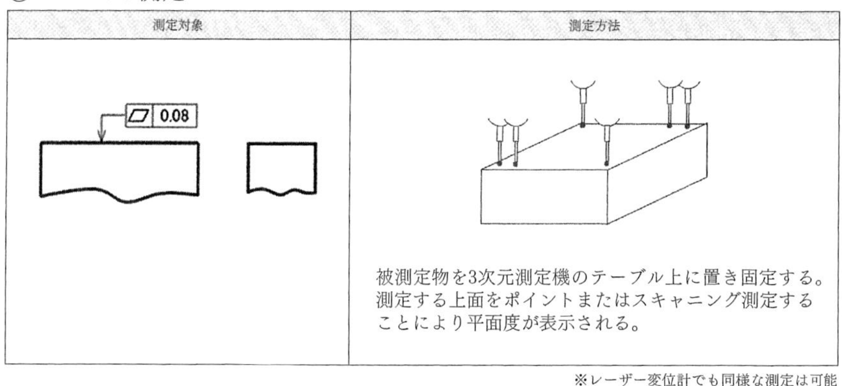

測定対象	測定方法
0.08	被測定物を3次元測定機のテーブル上に置き固定する。測定する上面をポイントまたはスキャニング測定することにより平面度が表示される。

※レーザー変位計でも同様な測定は可能

（３）真円度・円筒度測定

①マイクロメータ

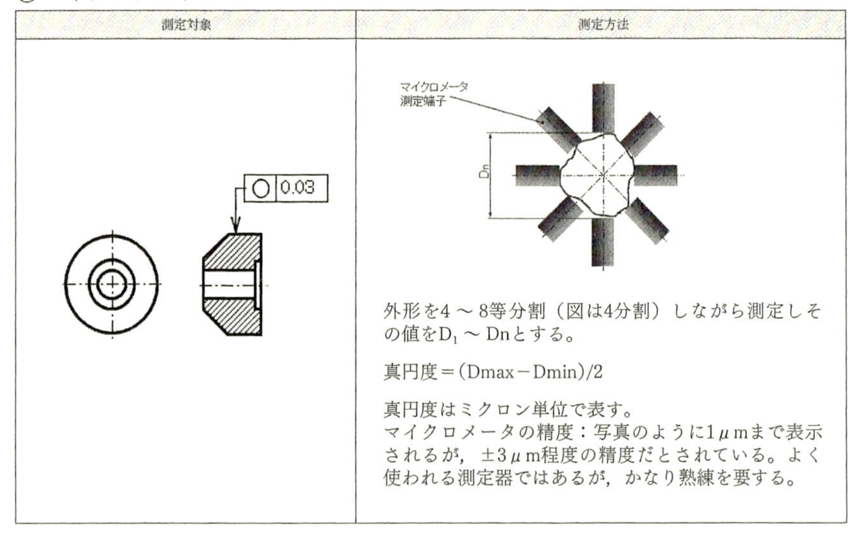

測定対象	測定方法
	外形を4 ～ 8等分割（図は4分割）しながら測定しその値をD_1 ～ Dnとする。 真円度＝(Dmax－Dmin)/2 真円度はミクロン単位で表す。 マイクロメータの精度：写真のように1μmまで表示されるが，±3μm程度の精度だとされている。よく使われる測定器ではあるが，かなり熟練を要する。

②ダイヤルゲージ

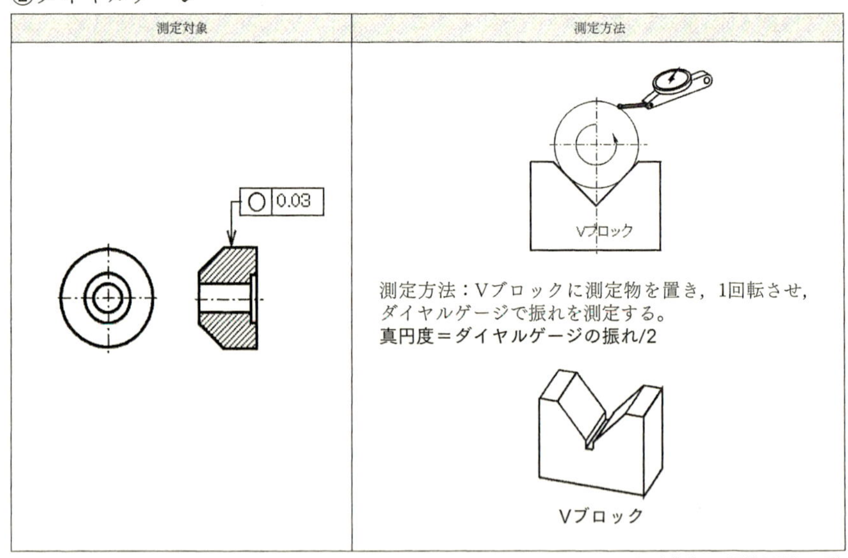

測定対象	測定方法
	測定方法：Vブロックに測定物を置き，1回転させ，ダイヤルゲージで振れを測定する。 **真円度＝ダイヤルゲージの振れ/2**

※レーザー変位計でも同様な測定は可能

③真円度測定機

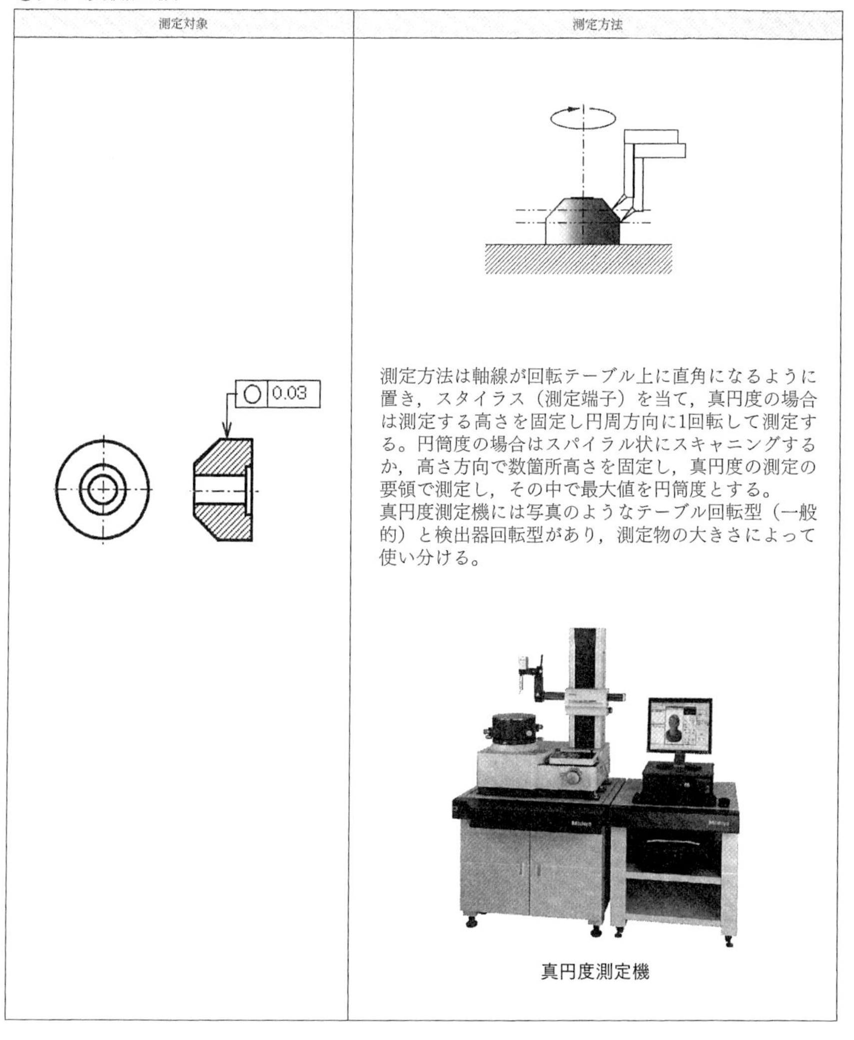

測定対象	測定方法
0.03	測定方法は軸線が回転テーブル上に直角になるように置き，スタイラス（測定端子）を当て，真円度の場合は測定する高さを固定し円周方向に1回転して測定する。円筒度の場合はスパイラル状にスキャニングするか，高さ方向で数箇所高さを固定し，真円度の測定の要領で測定し，その中で最大値を円筒度とする。 真円度測定機には写真のようなテーブル回転型（一般的）と検出器回転型があり，測定物の大きさによって使い分ける。 真円度測定機

④CMM

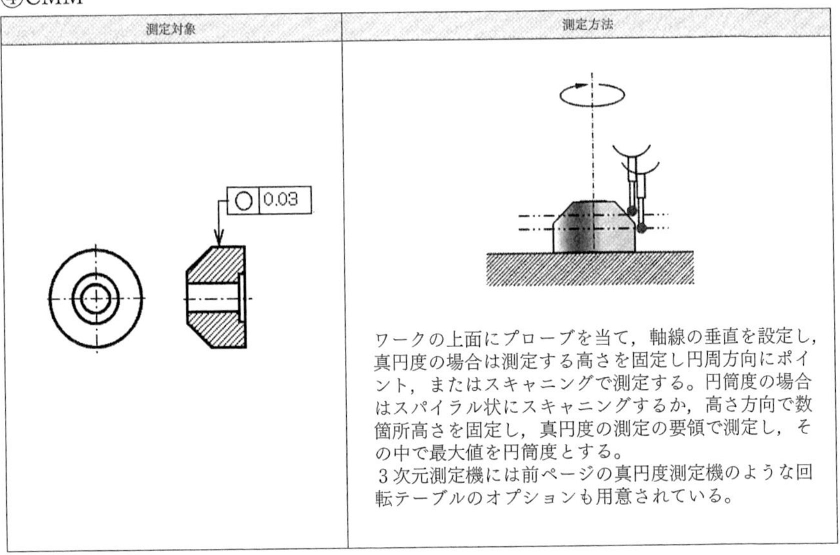

（４）平行度測定

①ダイヤルゲージ・ハイトゲージでの測定

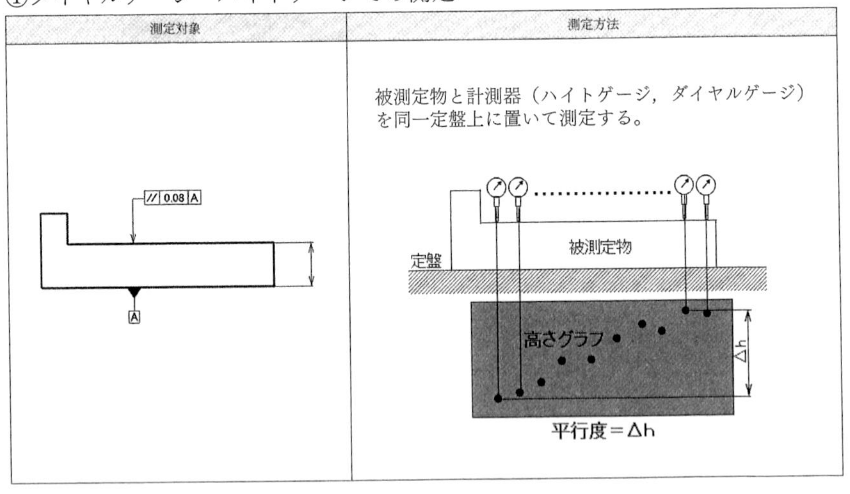

②CMMでの測定（平面）

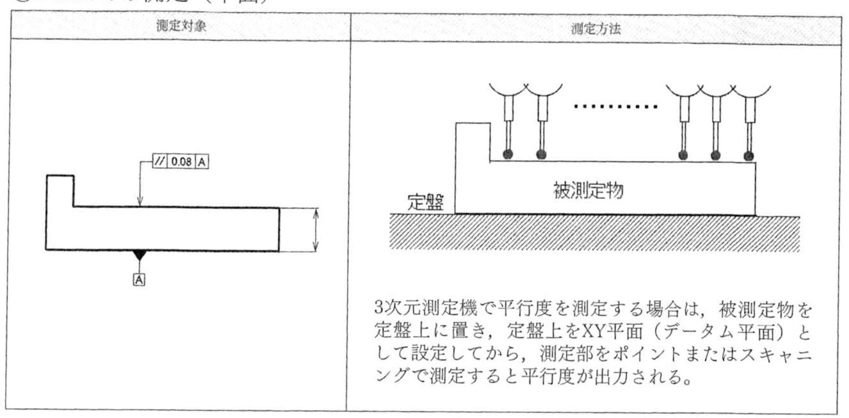

測定対象	測定方法
	3次元測定機で平行度を測定する場合は，被測定物を定盤上に置き，定盤上をXY平面（データム平面）として設定してから，測定部をポイントまたはスキャニングで測定すると平行度が出力される。

③CMMでの測定（軸線）

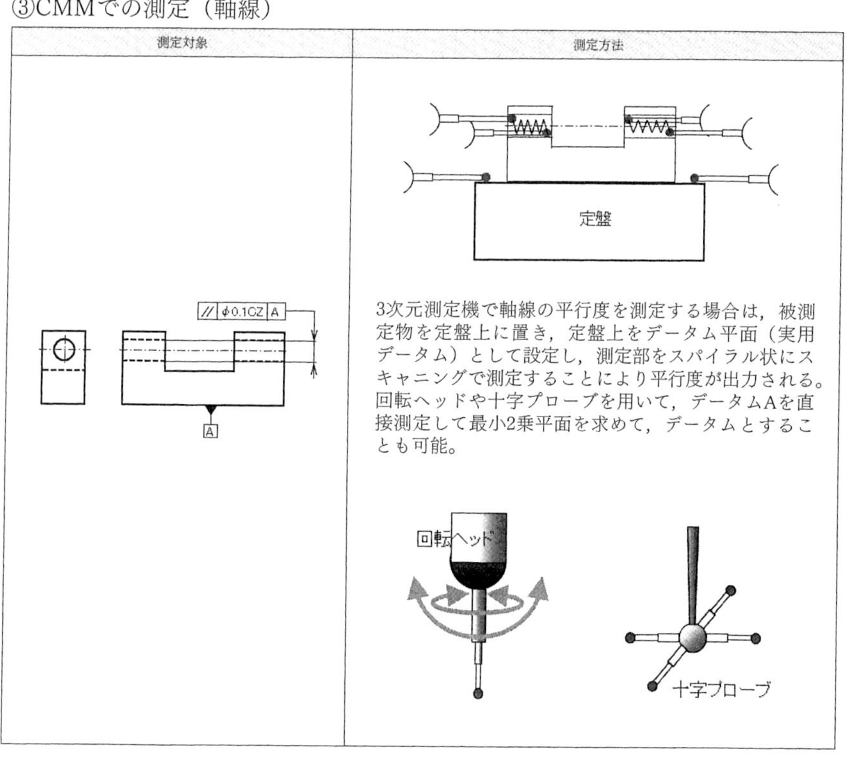

測定対象	測定方法
	3次元測定機で軸線の平行度を測定する場合は，被測定物を定盤上に置き，定盤上をデータム平面（実用データム）として設定し，測定部をスパイラル状にスキャニングで測定することにより平行度が出力される。回転ヘッドや十字プローブを用いて，データムAを直接測定して最小2乗平面を求めて，データムとすることも可能。

（5）直角度測定

①すきまゲージ

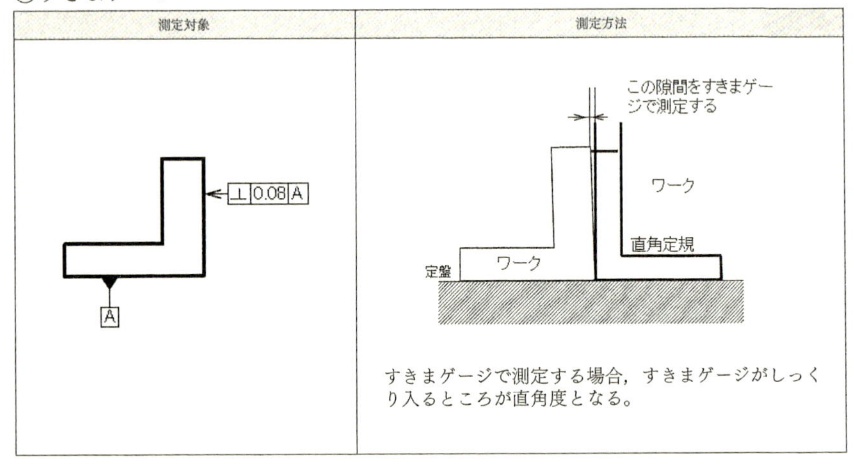

すきまゲージで測定する場合，すきまゲージがしっくり入るところが直角度となる。

②ダイヤルゲージ

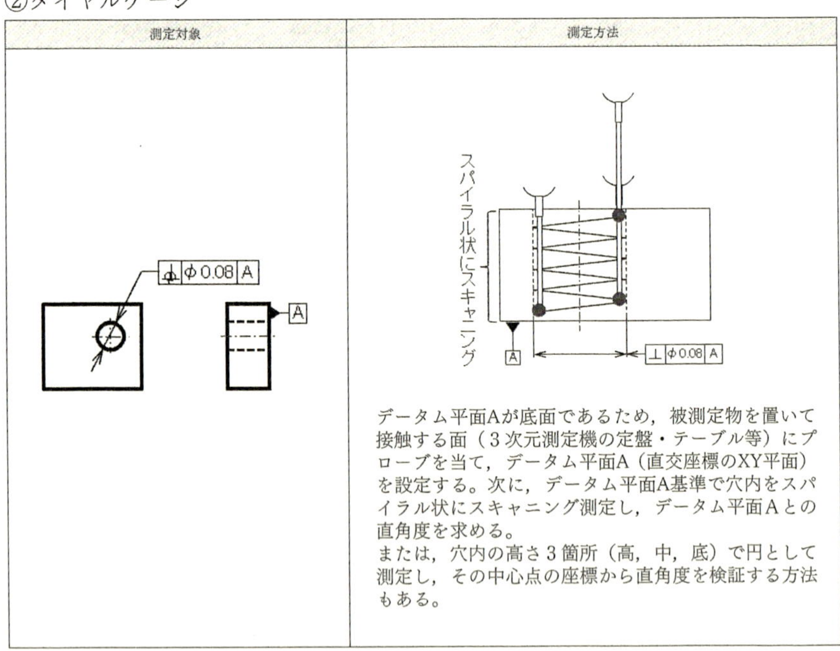

データム平面Aが底面であるため，被測定物を置いて接触する面（3次元測定機の定盤・テーブル等）にプローブを当て，データム平面A（直交座標のXY平面）を設定する。次に，データム平面A基準で穴内をスパイラル状にスキャニング測定し，データム平面Aとの直角度を求める。
または，穴内の高さ3箇所（高，中，底）で円として測定し，その中心点の座標から直角度を検証する方法もある。

(6) 傾斜度測定

①ダイヤルゲージ

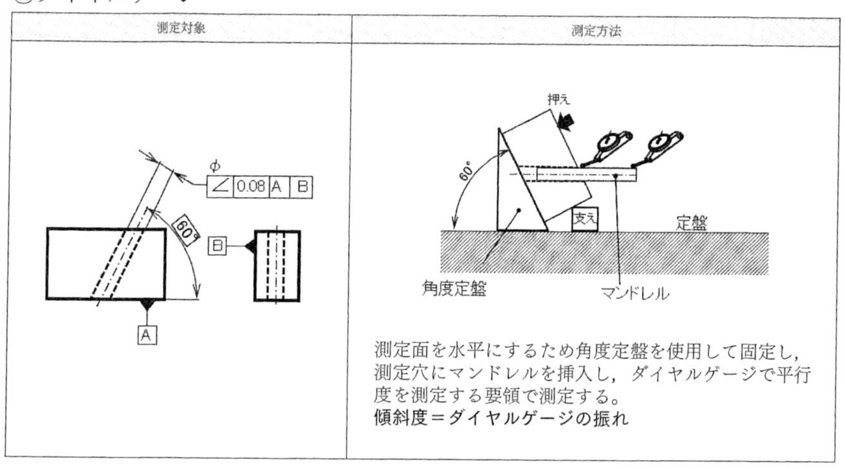

測定面を水平にするため角度定盤を使用して固定し，測定穴にマンドレルを挿入し，ダイヤルゲージで平行度を測定する要領で測定する。
傾斜度＝ダイヤルゲージの振れ

②CMM

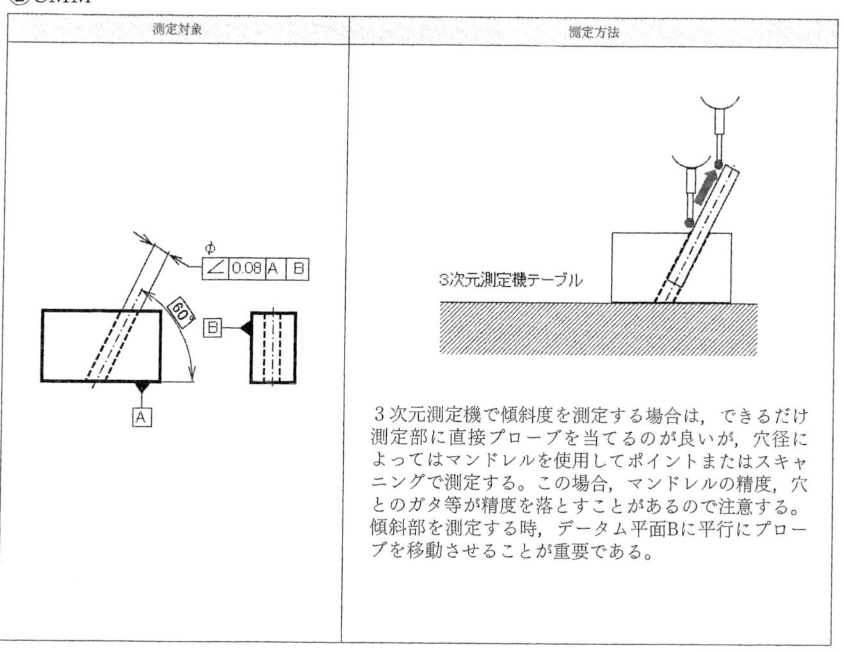

3次元測定機で傾斜度を測定する場合は，できるだけ測定部に直接プローブを当てるのが良いが，穴径によってはマンドレルを使用してポイントまたはスキャニングで測定する。この場合，マンドレルの精度，穴とのガタ等が精度を落とすことがあるので注意する。傾斜部を測定する時，データム平面Bに平行にプローブを移動させることが重要である。

（7）位置度測定

①CMM

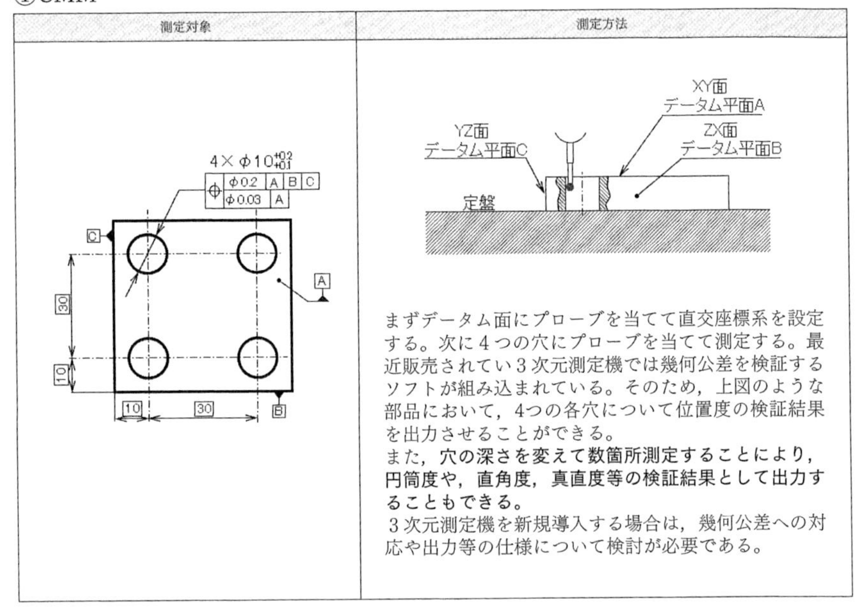

測定対象	測定方法
	まずデータム面にプローブを当てて直交座標系を設定する。次に4つの穴にプローブを当てて測定する。最近販売されてい3次元測定機では幾何公差を検証するソフトが組み込まれている。そのため，上図のような部品において，4つの各穴について位置度の検証結果を出力させることができる。 また，**穴の深さを変えて数箇所測定することにより，円筒度や，直角度，真直度等の検証結果として出力することもできる。** 3次元測定機を新規導入する場合は，幾何公差への対応や出力等の仕様について検討が必要である。

②投影機

測定対象	測定方法
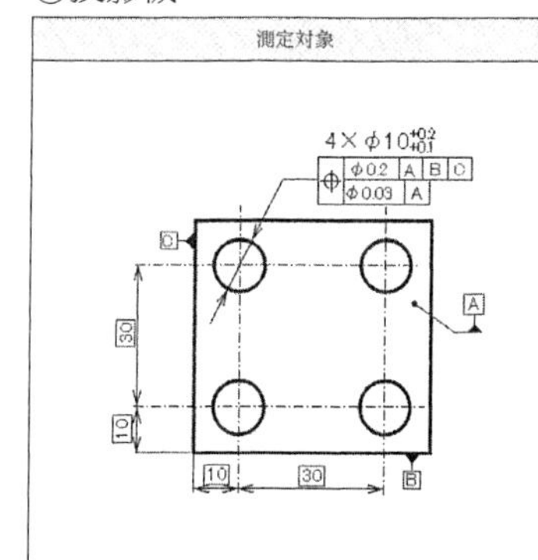	投影機のテーブル上に被検査部品を置き，スクリーンに合う大きさに定倍率（×5，×10，×20，×50等）のレンズで拡大し，スクリーン上にフォーカスを合わせ像を映し出す。スクリーン上に正確な図面を描画された透明なトレースシートをセットし，トレースシートのデータム部を像に合わせる。次に測定箇所を見て，トレースシートに記載された公差域内か外かでGO/NGの判定，または，X-Yテーブルのインジケータで偏差量を測定するというシステムである。 形状がどうなっているか良くわかる便利なシステムではあるが，精度は個人差も大きく10～20μm位である。 同様な測定は，演算装置が完備した工具顕微鏡や非接触2.5次元測定機でも可能。

③画像測定機

測定対象	測定方法
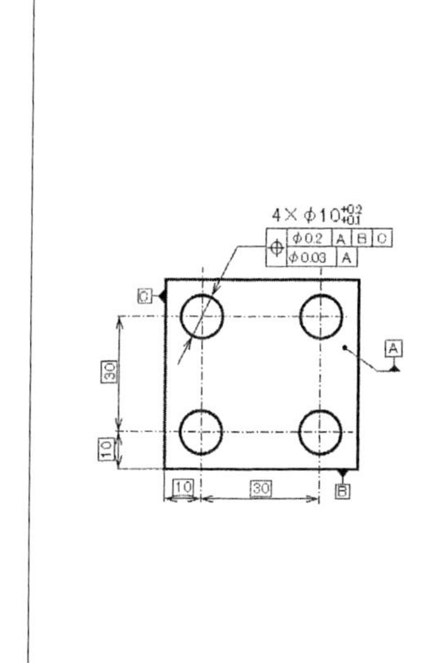	まずデータム平面Aの定盤からの高さ測定をして，傾き補正より，データム平面Aを設定する。データム稜線にてエッジ検出して直交座標系（データムB，C）を設定する。 次に4つの穴のエッジより円傾きの中心座標を測定する。 最近販売されている演算装置では幾何公差を検証するソフトが組み込まれている。そのため，下図のような部品において，4つの各穴について位置度の検証結果を出力させることができる。 画像測定装置も，新規導入する場合は，幾何公差への対応や出力等の仕様について検討が必要である。 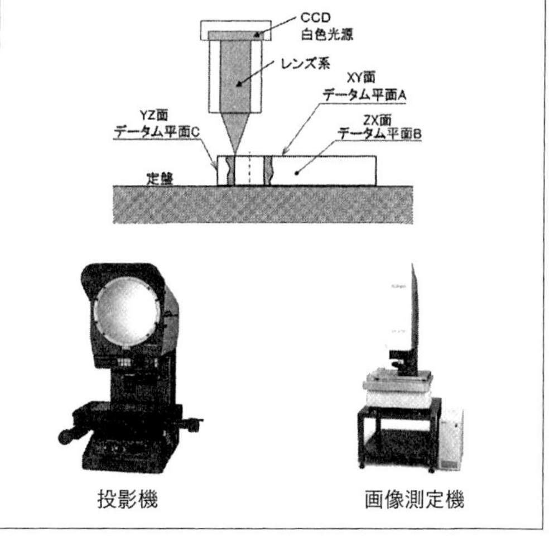 投影機　画像測定機

（8）同軸度・同心度測定

①真円度測定機

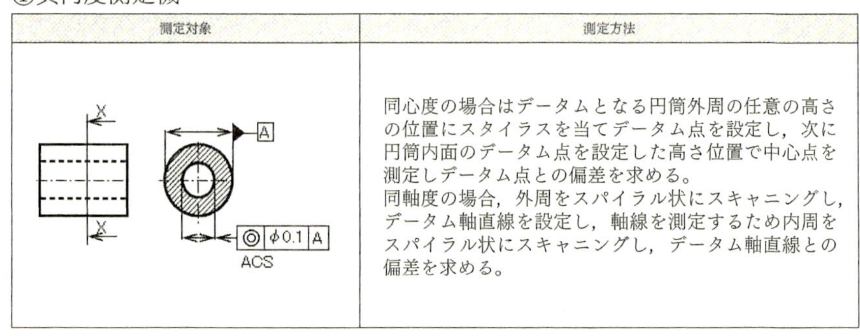

測定対象	測定方法
	同心度の場合はデータムとなる円筒外周の任意の高さの位置にスタイラスを当てデータム点を設定し，次に円筒内面のデータム点を設定した高さ位置で中心点を測定しデータム点との偏差を求める。 同軸度の場合，外周をスパイラル状にスキャニングし，データム軸直線を設定し，軸線を測定するため内周をスパイラル状にスキャニングし，データム軸直線との偏差を求める。

②CMM

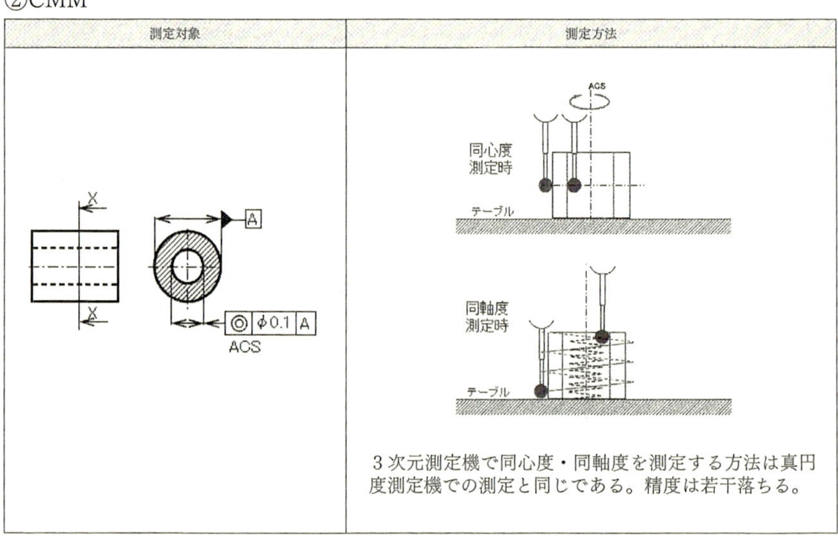

測定対象	測定方法
	3次元測定機で同心度・同軸度を測定する方法は真円度測定機での測定と同じである。精度は若干落ちる。

（9）対称度測定

①CMM

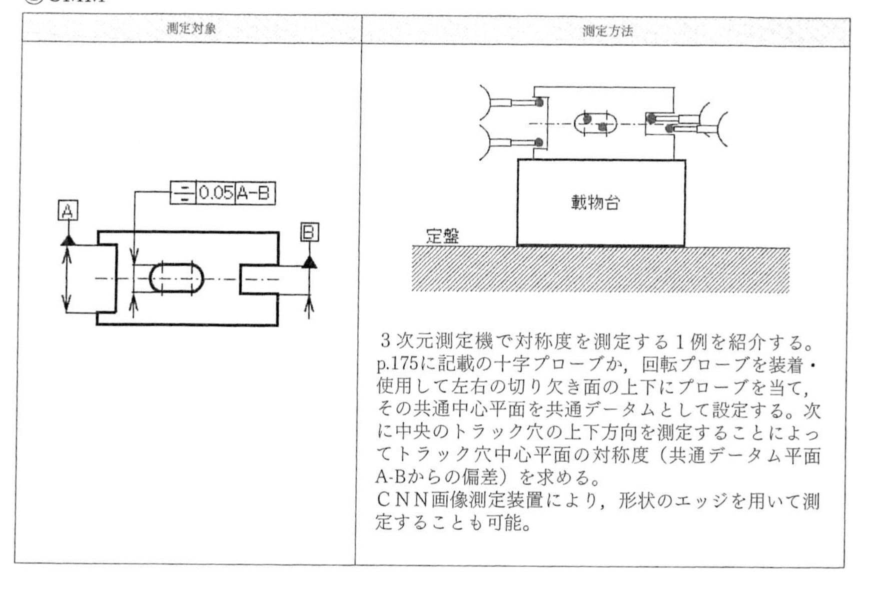

測定対象	測定方法
	3次元測定機で対称度を測定する1例を紹介する。p.175に記載の十字プローブか，回転プローブを装着・使用して左右の切り欠き面の上下にプローブを当て，その共通中心平面を共通データムとして設定する。次に中央のトラック穴の上下方向を測定することによってトラック穴中心平面の対称度（共通データム平面A-Bからの偏差）を求める。 CNN画像測定装置により，形状のエッジを用いて測定することも可能。

(10) 線の輪郭度・面の輪郭度測定

①すきまゲージ（ピンゲージ）

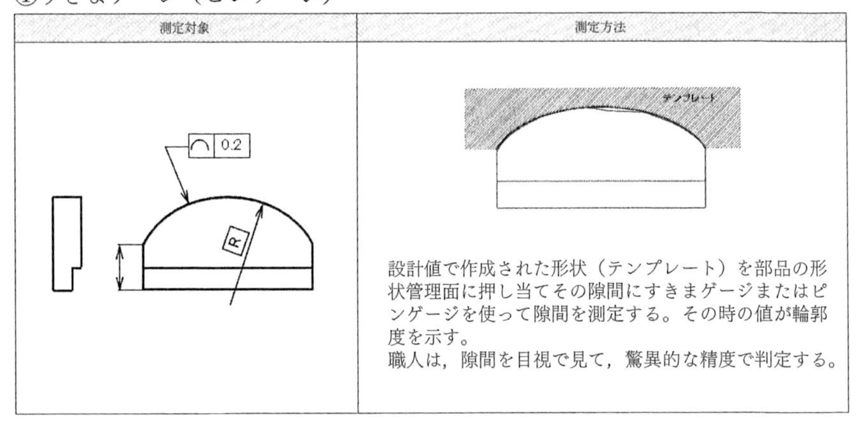

測定対象	測定方法
	設計値で作成された形状（テンプレート）を部品の形状管理面に押し当てその隙間にすきまゲージまたはピンゲージを使って隙間を測定する。その時の値が輪郭度を示す。 職人は，隙間を目視で見て，驚異的な精度で判定する。

②投影機（画像測定機）

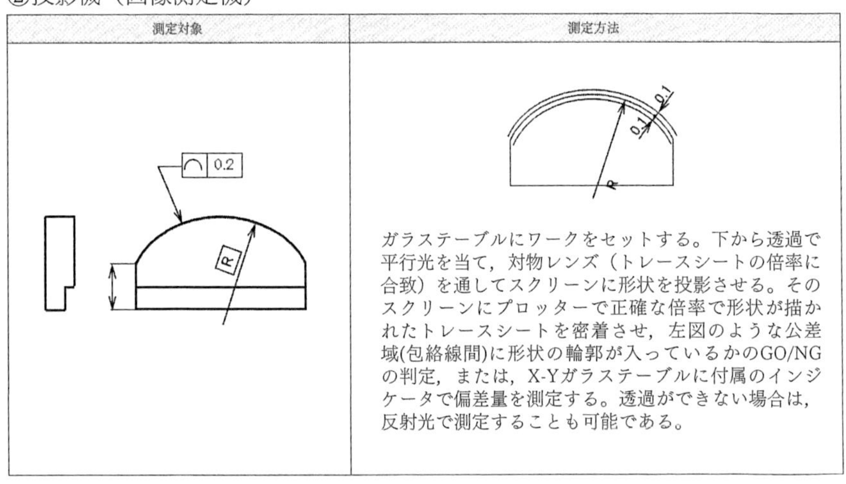

測定対象	測定方法
	ガラステーブルにワークをセットする。下から透過で平行光を当て，対物レンズ（トレースシートの倍率に合致）を通してスクリーンに形状を投影させる。そのスクリーンにプロッターで正確な倍率で形状が描かれたトレースシートを密着させ，左図のような公差域(包絡線間)に形状の輪郭が入っているかのGO/NGの判定，または，X-Yガラステーブルに付属のインジケータで偏差量を測定する。透過ができない場合は，反射光で測定することも可能である。

③形状測定機

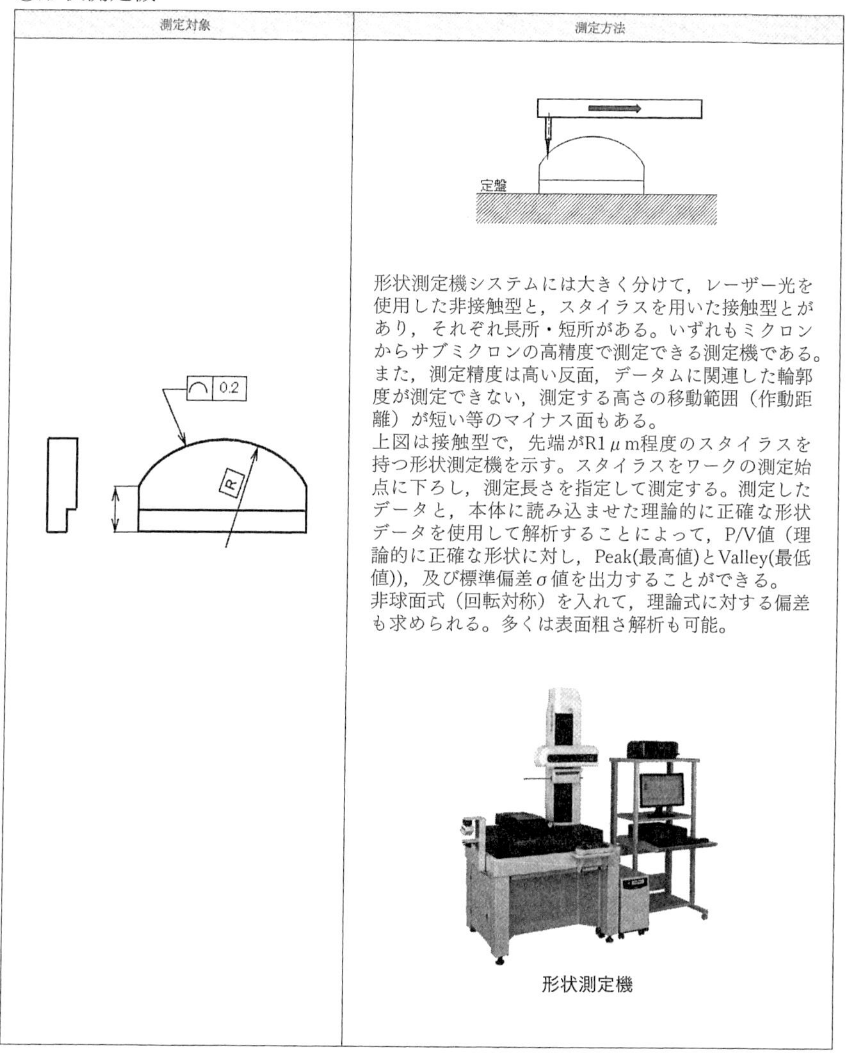

測定対象	測定方法
	形状測定機システムには大きく分けて，レーザー光を使用した非接触型と，スタイラスを用いた接触型とがあり，それぞれ長所・短所がある。いずれもミクロンからサブミクロンの高精度で測定できる測定機である。また，測定精度は高い反面，データムに関連した輪郭度が測定できない，測定する高さの移動範囲（作動距離）が短い等のマイナス面もある。 上図は接触型で，先端がR1 μ m程度のスタイラスを持つ形状測定機を示す。スタイラスをワークの測定始点に下ろし，測定長さを指定して測定する。測定したデータと，本体に読み込ませた理論的に正確な形状データを使用して解析することによって，P/V値（理論的に正確な形状に対し，Peak(最高値)とValley(最低値))，及び標準偏差 σ 値を出力することができる。 非球面式（回転対称）を入れて，理論式に対する偏差も求められる。多くは表面粗さ解析も可能。 形状測定機

④CMM（ｉ）

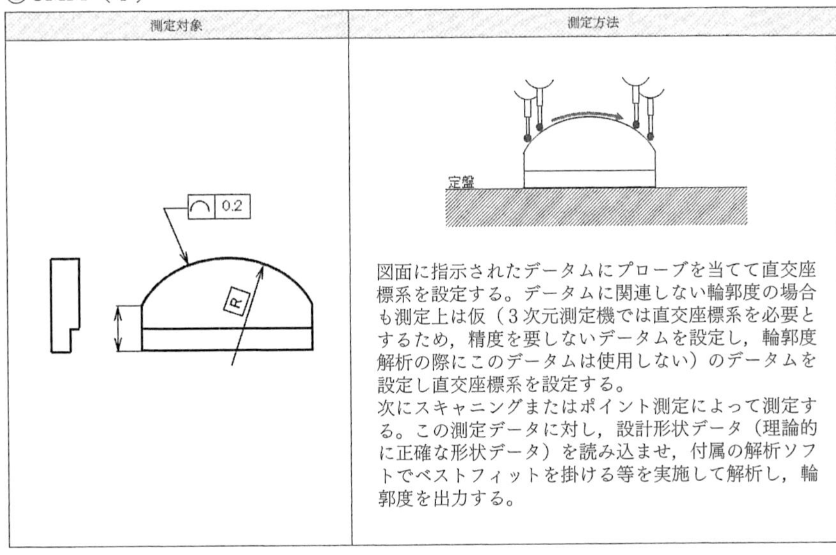

測定対象	測定方法
	図面に指示されたデータムにプローブを当てて直交座標系を設定する。データムに関連しない輪郭度の場合も測定上は仮（３次元測定機では直交座標系を必要とするため，精度を要しないデータムを設定し，輪郭度解析の際にこのデータムは使用しない）のデータムを設定し直交座標系を設定する。 次にスキャニングまたはポイント測定によって測定する。この測定データに対し，設計形状データ（理論的に正確な形状データ）を読み込ませ，付属の解析ソフトでベストフィットを掛ける等を実施して解析し，輪郭度を出力する。

⑤CMM（ii）

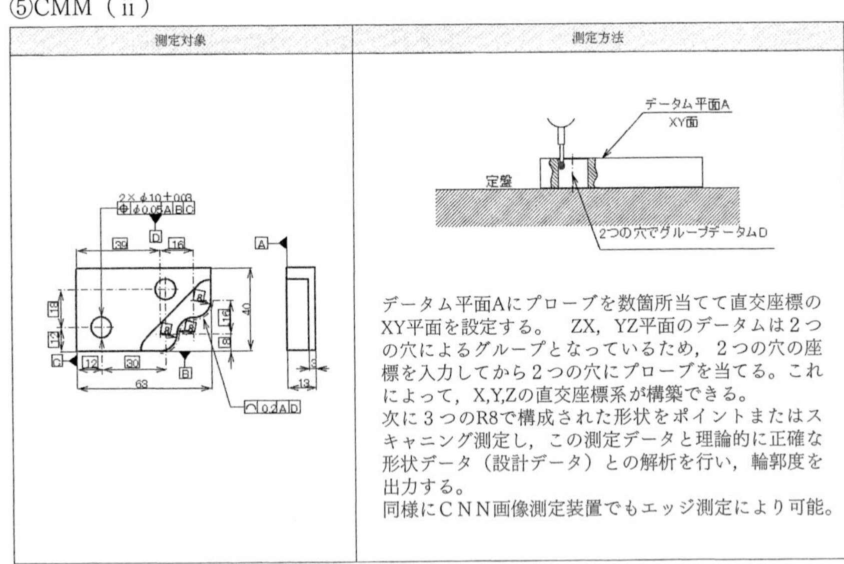

測定対象	測定方法
	データム平面Aにプローブを数箇所当てて直交座標のXY平面を設定する。　ZX，YZ平面のデータムは２つの穴によるグループとなっているため，２つの穴の座標を入力してから２つの穴にプローブを当てる。これによって，X,Y,Zの直交座標系が構築できる。 次に３つのR8で構成された形状をポイントまたはスキャニング測定し，この測定データと理論的に正確な形状データ（設計データ）との解析を行い，輪郭度を出力する。 同様にＣＮＮ画像測定装置でもエッジ測定により可能。

(11) 円周振れ・全振れ測定

①ダイヤルゲージ

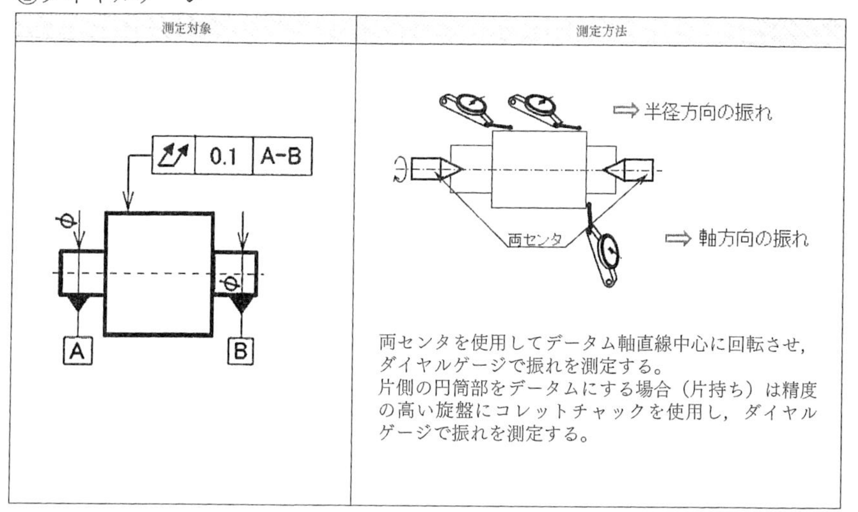

測定対象	測定方法
	両センタを使用してデータム軸直線中心に回転させ，ダイヤルゲージで振れを測定する。 片側の円筒部をデータムにする場合（片持ち）は精度の高い旋盤にコレットチャックを使用し，ダイヤルゲージで振れを測定する。

②真円度測定機

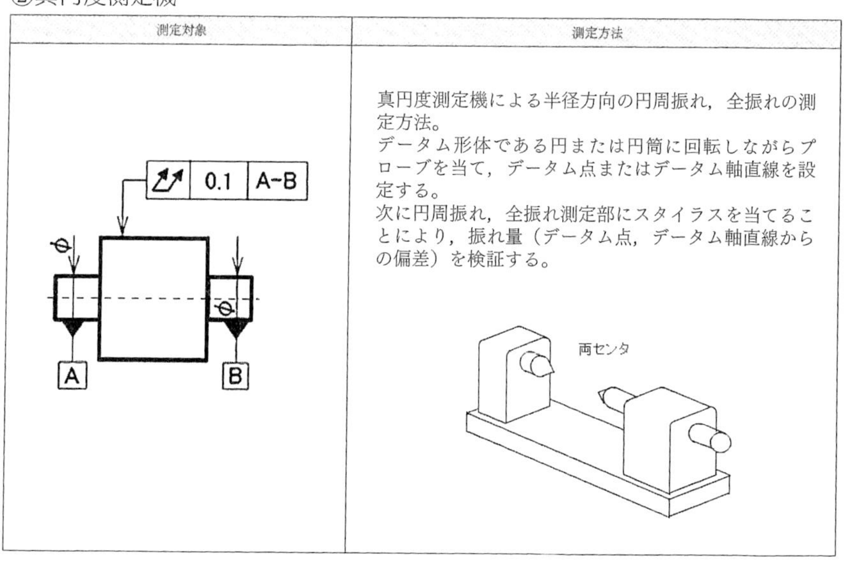

測定対象	測定方法
	真円度測定機による半径方向の円周振れ，全振れの測定方法。 データム形体である円または円筒に回転しながらプローブを当て，データム点またはデータム軸直線を設定する。 次に円周振れ，全振れ測定部にスタイラスを当てることにより，振れ量（データム点，データム軸直線からの偏差）を検証する。

参考文献

１．強いものづくりのための「公差設計」スキルアップ講座，栗山晃治，ほか，工学研究社（2009）
２．幾何公差　－設計に活かす「加工」「計測」の視点－，木下悟志ほか，森北出版（2015）
３．設計のムダ取り　公差設計入門，栗山弘，日経BP社（2011）
４．2015機械設計５月号　特集　事例でわかる公差設計の基礎知識，栗山晃治，木下悟志ほか，日刊工業新聞社（2015）
５．公差設計のための統計的手法，岡田高美，プラーナー（2009）
６．JIS B0405　普通公差－第１部：個々に公差の指示がない長さ寸法及び角度寸法に対する公差，日本規格協会
７．JIS G3141　冷間圧延鋼板及び鋼帯，日本規格協会
８．JIS B2804　止め輪，日本規格協会
９．JIS B0021　製品の幾何特性仕様（GPS）－幾何公差表示方式－，日本規格協会
10．JIS B0022　幾何公差のためのデータム，日本規格協会
11．JIS B0023　製図－幾何公差表示方式，日本規格協会
12．JIS B0024　製図－公差表示方式の基本原則

さくいん

■さ行

■た行

■な行

■は行

■ま行

■や行

■ら行

著者略歴

栗山　晃治（くりやま・こうじ）

株式会社プラーナー
代表取締役社長

3次元公差解析ソフトをベースとした大手電機・自動車メーカーへのソフトウェア立ち上げ・サポート支援，GD&T企業研修講師，公差設計に関する企業事例の米国での講演等により実績を重ねる。3次元公差解析ソフトを使用したGD&T実践コンサル等，更なる新境地を開拓している。著書は，「強いものづくりのための公差設計入門講座　今すぐ実践！公差設計」（工学研究社），「3次元CADから学ぶ機械設計入門」（森北出版），「3次元CADによる手巻きウインチの設計」（パワー社），「2015機械設計5月号　特集　グローバル時代に対応！事例でわかる公差設計の基礎知識」（日刊工業新聞社）等，多数。

木下　悟志（きのした・さとし）

株式会社プラーナー
研修推進室　室長　　シニアコンサルタント

セイコーエプソン㈱にて34年間勤務。
プラスチック応用の開発経験が長く，非球面レンズや超小型ギヤードモーターの開発から量産，マーケッティングまで経験した。また基幹商品であるウォッチ，インクジェットプリンタ，プロジェクターの要素開発にも長く関わった。近年は研究開発部門のマネージメントにおいて開発の意思決定や外部との共同研究・共同開発の方向付けをした。材料開発，機構設計，プロセス開発，計測技術開発と幅広い知見を持つ。
2015年より，設計者の能力開発を支援する㈱プラーナーのシニアコンサルタントとして，幾何公差と計測技術を融合したセミナーを創出し，担当している。
大手企業をメインに多数の企業で連日セミナーを担当し，実践コンサルも行っている。
著書は，「幾何公差－設計に活かす加工，計測の視点」（森北出版），「2015機械設計5月号　特集　グローバル時代に対応！事例でわかる公差設計の基礎知識」（日刊工業新聞社）等，多数。

設計者は図面で語れ!
ケーススタディで理解する公差設計入門

NDC 529

2016年８月28日　初版１刷発行
2023年７月28日　初版７刷発行

（定価はカバーに表示されております。）

編　者　株式会社プラーナー
©著　者　栗　山　晃　治
木　下　悟　志
発行者　井　水　治　博
発行所　日刊工業新聞社
〒103-8548　東京都中央区日本橋小網町14-1
電　話　書籍編集部　東京　03-5644-7490
販売・管理部　東京　03-5644-7410
FAX　03-5644-7400
振替口座　00190-2-186076
URL　https://pub.nikkan.co.jp/
e-mail　info_shuppan@nikkan.tech

印刷・製本　新日本印刷（POD4）

ISBN 978-4-526-07583-4